Contens

• 매니시 베이직 컬러

After

F B
R L

STYLE TIP

cut

매니시한 느낌의 무게감 있는 커트

perm

디지털 펌 , 모질에 따라서 볼륨매직으로 자연스럽게 깔끔하게

color

화사하고 은은한 베이지 컬러

HAIR STYLING

- 샴푸 후 (산성 샴푸) 전체적으로 자연스럽게 말리고
- 두피 쪽을 들어서 드라이하면서 볼륨감을 살려준 후
- 찬바람으로 모발 아래를 구기듯이 컬을 만들어 줍니다.
- 필요에 따라 앞머리는 미니 아이롱으로 살짝 뒤쪽으로 정리해줍니다.
- 소프트 왁스를 손바닥 위에 적당량 덜어서
- 바깥 부분을 중심으로 좌우로 털듯이 왁스를 도포합니다.

• A라인 보브단발 베이직 브라운

STYLE TIP

cut

그라데이션 커트로 자연스러운 볼륨감을 만들 수 있도록 디자인

perm

곱슬인 경우에는 볼륨매직으로 깔끔하고 자연스러운 볼륨감을 디자인

color

자연스롭고 화사한 느낌의 베이지브라운 헤어컬러

HAIR STYLING

· 전체적으로 가볍게 털듯이 흔들면서 두피부터 말리고
· 옆머리는 손바닥으로 살짝 누르면서 깔끔하게 드라이 한 후
· 소프트 왁스를 소량 덜어서 정리하듯 도포하고
· 모발의 끝부분에는 손가락 끝으로 꼬아주 듯 포인트를 만들어 준다.

• 보브 클래식 A라인 브릿치

F B
R L

STYLE TIP

cut

너무 무겁지 않은 A라인의 클래식한 보브

perm

no perm + (볼륨매직과 디자털 펌을 믹스하여 펌으로 시술 가능)

color

차분한 블랙 컬러에 브릿치를 넣어 큐트함을 연출

HAIR STYLING

· 일반적인 보브 스타일이라도 평판 아이롱을 이용하여 턱선 정도에서 아이롱으로 모발을 잡아 바깥쪽으로 펼쳐 주면서 안쪽으로 말아 살짝 컬을 만들어 주면 더 귀여워 보이면서도 얼굴이 더 작아보이는 효과가 있습니다.

• 보브 단발 C컬 애쉬브라운 볼륨매직

STYLE TIP

cut

전체적으로 무거운 그라데이션 보브 단발

perm

(볼륨매직으로 깔끔하게 펴고 디지털 펌으로 C컬을 믹스

color

이국적인 느낌의 애쉬 브라운 컬러

HAIR STYLING

· 샴푸 후 (산성 샴푸) 전체적으로 자연스럽게 말리고
· 윗쪽의 두피 쪽을 들어서 드라이하면서 볼륨감을 살려준 후
· 웨이브 부분은 손 안쪽으로 살짝 들어가게 드라이 합니다.
· 소프트 왁스를 손바닥 위에 적당량 덜어서
· 바깥 부분을 중심으로 좌우로 털듯이 왁스를 도포합니다.

• 보브 그라데이션 단발머리

STYLE TIP

cut

발랄한 분위기의 자연스러운 공기감이 느껴지는 그라데이션 커트

perm

자연스러운 볼륨감 디지털 펌

color

화사하고 소프트한 분위기의 에쉬브라운 헤어컬러

HAIR STYLING

- 전체적으로 모발을 살짝 들어서 두피부터 말리면서 볼륨감을 만들고
- 앞머리는 손가락으로 자연스럽게 다발감이 만들어질 수 있도록 하고
- 옆머리는 끝이 앞쪽으로 나올 수 있게 평판 아이롱으로 C컬을 만들어 준다.
- 소프트 왁스를 이용해서 모발의 표면과 끝부분을 위주로 도포한다.

STYLE TIP

cut

무게감 있는 머쉬룸 베이스의 쇼트 커트

perm

(no perm) 필요에 따라서 드라이 펌, 볼륨 펌으로 디자인

color

밝은 분위기의 에쉬 브라운 컬러와 하이라이트를 넣은 컬러

HAIR STYLING

- 모발을 살짝 들어 두피부터 말리면서 자연스럽게 볼륨감을 만들고
- 옆 머리와 목 부분는 뜨기 쉬운 부분이므로 손바닥으로 정리한 듯 눌러주고
- 앞머리의 끝부분은 깔끔하게 손가락으로 다발감 만들고
- 소프트 왁스로 위쪽으로 들어올리 듯 도포하고 정리한다.

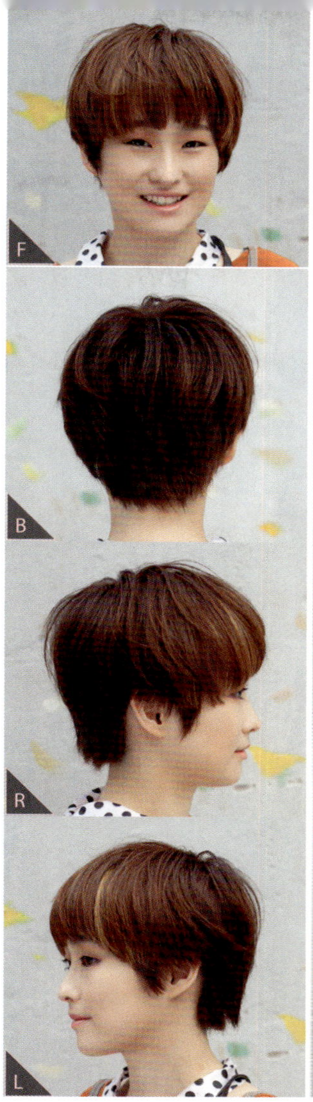

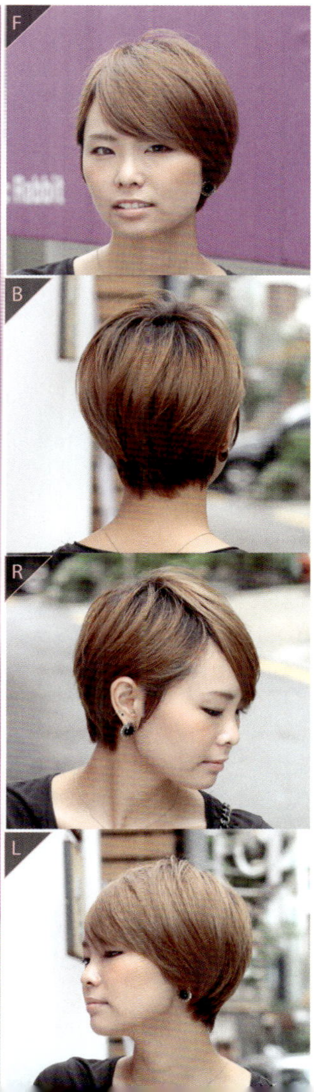

STYLE TIP

cut

세임 레이어로 두상의 라인을 만들면서 그라데이션의 커트로 볼륨감을 살린 보브 헤어스타일

perm

(no perm) 곱슬이 있는 경우 볼륨매직으로 깔끔하게

color

라이트 브라운 계열의 화사하고 밝은 분위기의 컬러 헤어

HAIR STYLING

- 샴푸 후(산성샴푸) 전체적으로 자연스럽게 두피부터 말리면서 볼륨감을 살려 주면서
- 구렛나루 부분은 드라이의 방향을 아래로 하면서 샤프한 질감을 만들어 줍니다.
- 자연스러운 볼륨감을 위해 스프레이 왁스를 이용하여 모발을 들어 안쪽으로 분사하고
- 소프트 왁스로 구렛나루와 모발의 끝선을 정리하고 전체적인 발란스를 맞추며 마무리 합니다.

• 중성적인 큐트한 커트

STYLE TIP

cut

자연스럽게 A라인으로 떨어지도록 가이드 라인에 디스커넥션 커트

perm

핀컬로 볼륨감 있고 자연스러운 뉘앙스를 함께 연출

color

자연스러운 은은한 레드 컬러를 내츄럴하게 연출

HAIR STYLING

- 모발을 살짝 들어 두피부터 말리면서 볼륨감을 만들어 준다.
- 옆 머리는 손가락으로 아래 방향으로 방향감을 만들면서 드라이한다.
- 앞머리와 옆머리의 끝 부분은 깔끔하게 손가락으로 다발감 만들고
- 소프트 왁스로 위쪽으로 들어올리 듯 도포하고 정리한다.

STYLE TIP

cut

하이그라데이션 커트로 볼륨감을 살리면서 다양한 헤어연출이 가능한 보브단발 헤어스타일

perm

(No perm) 아이롱으로 연출 하였으나 볼륨매직으로 깔끔한 보브단발 헤어스타일 가능

color

화사한 라이트 브라운 컬러와 호일워크의 입체감이 느껴지는 헤어컬러 스타일

HAIR STYLING

- 샴푸 후 (산성샴푸) 전체적으로 자연스럽게 두피부터 말리고
- 롤 브러쉬을 이용하여 탑과 뒷 머리에 볼륨감을 만들어 준 다음
- 자연스러운 볼륨감을 위해 스프레이 왁스를 이용하여
  모발을 들어 안쪽으로 분사하고
- 소프트 왁스로 모발의 끝선을 정리하고 전체적인 발란스를 맞추며 마무리 합니다.

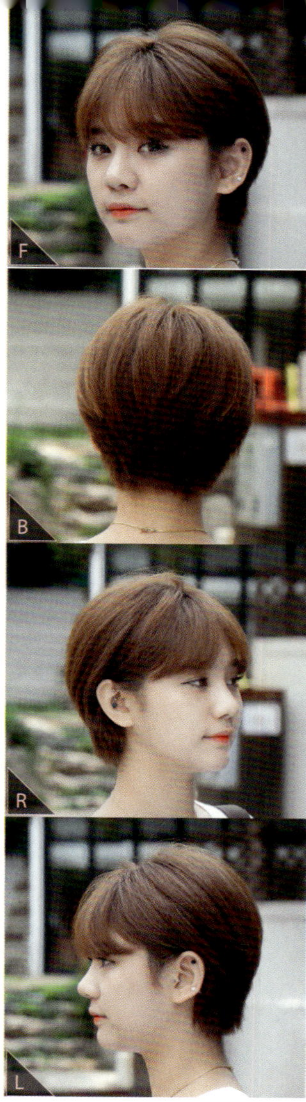

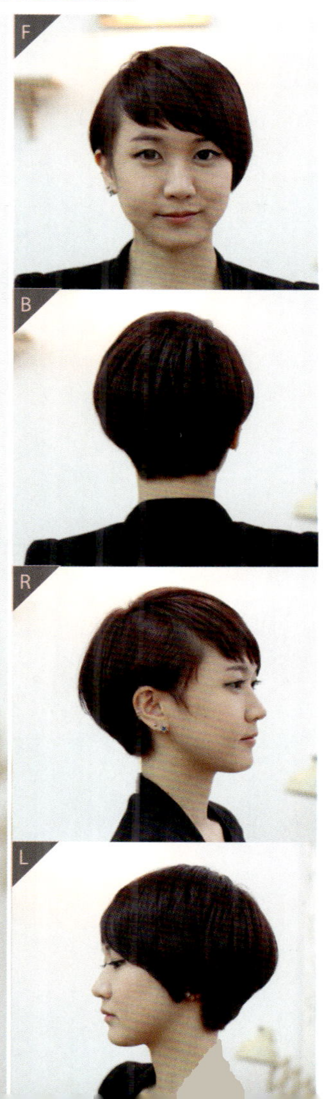

STYLE TIP

cut

과감하고 감각적인 엣지있는 스타일을 위하여 전체적인 라인과 볼륨감의 섹션을 디스커넥션으로 하고 스타일리쉬한 느낌으로 비대칭 커트

perm

볼륨감과 샤프한 커트라인을 위하여 라인은 볼륨 다운을 하면서 내츄럴한 볼륨감이 연출될 수 있도록 볼륨매직

color

시크하면서 여성적인 이미지를 잃지 않도록 내츄럴 레드 브라운 컬러

HAIR STYLING

- 정수리와 위부분을 살짝 들어 두피부터 말리면서 볼륨감을 만들어 준다
- 옆 머리는 드라이를 하면서 손바닥으로 살짝 눌러 주면서 깔끔하게 한 후
- 앞머리와 옆머리의 끝 부분은 샤프한 느낌으로 다발감 만들고
- 크림타입의 헤어에센스를 도포하고 정리한다.

• 톰보이 머쉬룸 볼륨매직

STYLE TIP

cut

적당한 볼륨감을 주는 그라데이션 디자인을 이용한 복고풍 머쉬룸 커트 디자인

perm

커트선을 살리면서 차분하고 깔끔한 이미지를 주는 볼륨매직

color

세련되고 큐트한 이미지를 주는 톤업 브라운 컬러

HAIR STYLING

- 샴푸 후 헤어드라이어를 이용하여 80% 정도 말린 후
- 고개를 숙이거나 손가락으로 윗 부분을 살짝 들어
- 방향감을 만들어 주면서 두피부터 말리면
- 자연스러운 볼륨감을 만들어 줄 수 있습니다.

STYLE TIP

cut

쇼트 그라데이션 커트

perm

(No perm) 간편한 손질을 위하여 위에는 드라이펌 또는 볼륨펌 필요

color

마일드한 윤기로 이국적인 분위의 에쉬베이지 펄그레주 헤어컬러

HAIR STYLING

- 전체적으로 가볍게 털듯이 흔들면서 두피부터 말리고
- 옆머리는 손바닥으로 살짝 누르면서 깔끔하게 드라이 한 후
- 크림 타입의 에센스를 소량 덜어서 가볍게 쥐듯이 도포하고
- 모발의 끝부분에는 손가락 끝으로 꼬아주 듯 포인트를 만들어 준다.

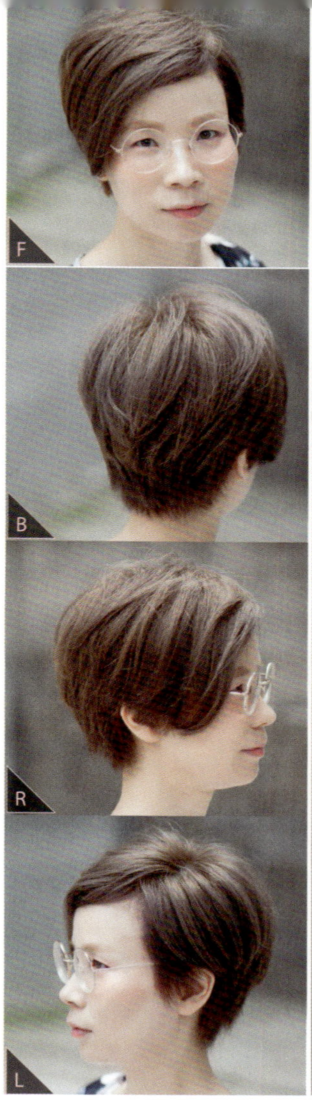

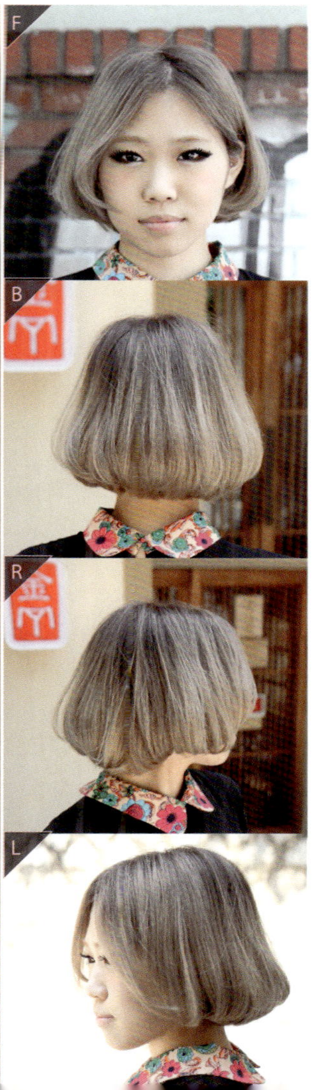

STYLE TIP

cut

뒷쪽이 조금 더 긴 A라인 보브와 머쉬룸이 믹스된 커트 디자인

perm

반곱슬이나 직모인 경우에는 모질에 따라서 볼륨매직으로 지연스럽게 디자인이 가능

color

전체적으로는 에쉬 계열의 밝은 브라운 컬러로 은은하고 화사한 이미지를 주는 컬러 디자인

HAIR STYLING

- 안쪽으로 말리는 큐트한 웨이브를 만들기 전에 우선 평판 아이롱으로 모발의 표면층을 살짝 펴 주고 마샬 컬링 아이롱을 이용해서 모발의 끝부분을 안쪽과 바깥쪽으로 나누어 서로 교차될 수 있도록 하여 안쪽으로 살짝 돌려주면서 웨이브를 만듭니다.

• 레이어 투톤컬러

STYLE TIP

cut

풍성한 볼륨감을 주는 짧은 레이어의 보브 커트 디자인

perm

아이롱을 이용한 스타일링 (디지털 펌으로도 가능)

color

페이스 라인을 따라 투블럭으로 나눈 컬러링

HAIR STYLING

· 샴푸 후 드라이어를 이용하여 충분히 말리고
· 원형의 마샬 컬링 아이롱을 눈 높이에서부터
· 바깥쪽으로 살짝 말아 주어 삐침머리의 컬감을 만들어 줄 수 있습니다.

• 큐트 그라보브 C컬 디지털 펌

STYLE TIP

cut
볼륨감을 살리면서 차분한 느낌의 그라데이션 커트

perm
볼륨매직과 디지털펌으로 선명한 C컬 믹스펌

color
밝고 화사한 봄 햇살에 잘 어울리는 자연스러운 네츄럴 브라운 헤어컬러

HAIR STYLING

· 샴푸 후 (산성 샴푸) 전체적으로 털듯이 자연스럽게 말리고
· 두피 쪽을 들어서 드라이하면서 볼륨감을 살려준 후
· 아래쪽 컬 부분은 찬 바람으로 돌돌 말아 주 듯 드라이 하고
· 필요에 따라 앞머리는 미니 아이롱으로 살짝 뒤쪽으로 정리해줍니다.
· 소프트 왁스를 손바닥 위에 적당량 덜어서
· 바깥 부분을 중심으로 살짝 쥐듯이 왁스를 도포합니다.

• 보브 단발 디지털 펌

STYLE TIP

cut
그라데이션 보브 단발머리 쇼트 커트

perm
곱슬인 경우에는 필요에 따라 깔끔한 볼륨매직과 디지털 펌 추천

color
너무 밝지 않은 애쉬 계열의 내츄럴 브라운 헤어컬러

HAIR STYLING

· 전체적으로 모발을 살짝 들고 두피부터 말리면서 볼륨감을 만들어 준다.
· 귀여운 느낌을 위해 앞머리는 롤 브러쉬로 앞쪽으로 둥글게 하고
· 아래의 C컬 부분은 뒤에서 앞쪽 방향으로 손가락으로 말아서 찬바람으로 말린다.
· 소프트 왁스로 가볍게 쥐듯 도포하고 정리한다.

• 보브 A라인 어쉬메트릭 단발머리

F B
R L

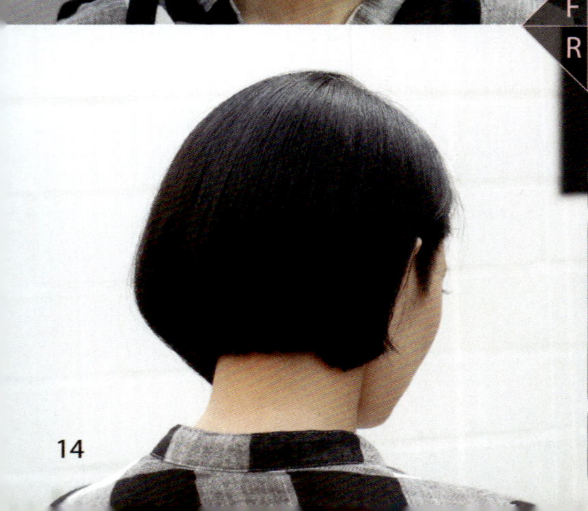

STYLE TIP

cut

A라인의 좌우 비대칭 어시메트릭 보브 커트 여자 헤어스타일

perm

곱슬기가 있어 필요한 경우 볼륨매직으로 깔끔하게 펴고 디지털 펌으로 자연스러운 C컬 연출

color

쿨한 이미지의 블루블랙의 여름에 잘 어울리는 헤어컬러

HAIR STYLING

· 샴푸 후 (산성샴푸) 전체적으로 자연스럽게 말리고
· 두피 쪽을 들어서 드라이하면서 볼륨감을 살려준 후
· 평판 아이롱를 이용하여 겉머리를 깔끔하게 펴 줍니다.
· C컬 부분은 손가락으로 안쪽으로 살짝 돌리면서 찬바람으로 드라이 합니다.
· 소프트 왁스를 손바닥 위에 적당량 덜어서
· 바깥 부분을 중심으로 좌우로 털듯이 왁스를 도포합니다.

STYLE TIP

cut

짧은 기장과 질감 처리로 중성적인 느낌과 함께 모발의 자연스런 운동감이 느껴지는 레이어 디자인 커트

perm

햇살의 반사빛으로 화려하면서도 이국적인 이미지를 주는 밝은 잿빛 컬러링

color

자연스런 볼륨을 주면서도 손질이 비교적 쉽도록 볼륨매직으로 시술을 하고 구기듯 스타일링

HAIR STYLING

- 전체적으로 가볍게 털듯이 흔들면서 두피부터 말리고
- 옆머리는 안쪽으로 손가락을 넣어 가볍게 내려 빗 듯이 드라이 한 후
- 소프트 왁스를 소량 덜어서 가볍게 쥐듯이 도포하고
- 모발의 끝부분에는 손가락 끝으로 꼬아주 듯 포인트를 만들어 준다.

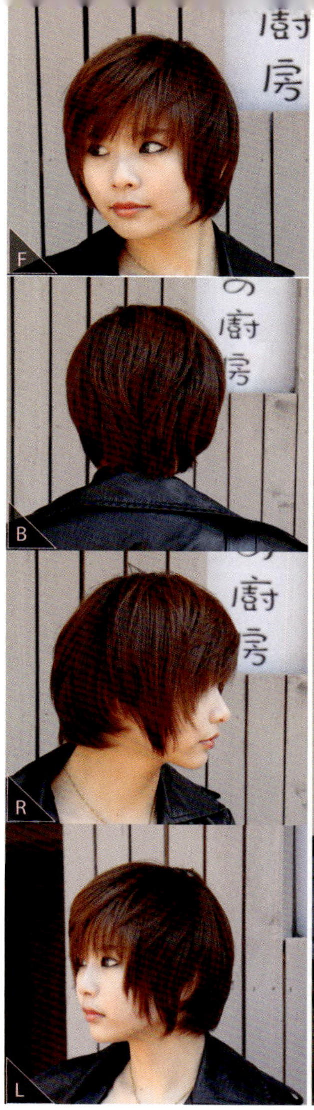

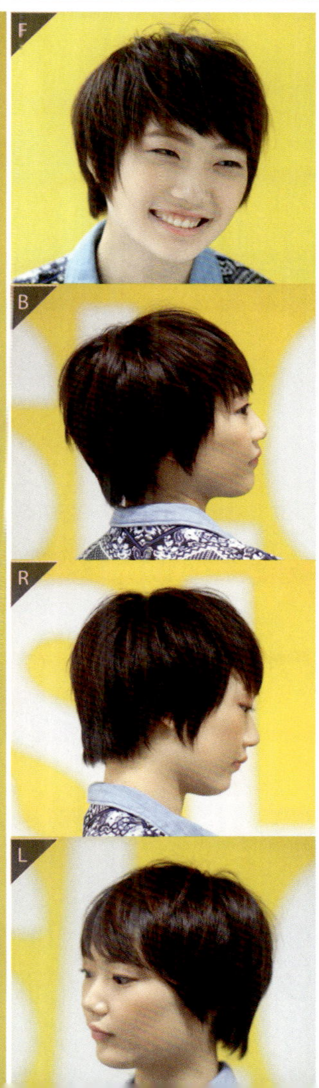

STYLE TIP

cut

탑부분은 소프트울프로 볼륨감을 만들어 주면서 전체적으로는 그라데이션 커트

perm

볼륨매직으로 깔끔하게 디자인

color

화사하고 소프트한 분위기의 내츄럴브라운 헤어컬러

HAIR STYLING

- 전체적으로 가볍게 털듯이 흔들면서 두피부터 말리고
- 옆머리는 손바닥으로 살짝 누르면서 깔끔하게 드라이 한 후
- 소프트 왁스를 소량 덜어서 가볍게 쥐듯이 도포하고
- 모발의 끝부분에는 손가락 끝으로 꼬아주 듯 포인트를 만들어 준다.

• 보브 에쉬브라운 하이라이트

STYLE TIP

cut

소프트한 느낌의 무게감 있는 클래식 커트

perm

모질에 따라서 볼륨매직과 디지털펌으로 충분히 시술가능

color

밝고 화사한 봄 햇살에 잘 어울리는 에쉬브라운 하이라이트 염색

HAIR STYLING

· 샴푸 후 (산성샴푸) 전체적으로 자연스럽게 말리고
· 두피 쪽을 들어서 드라이 하면서 볼륨감을 살려준 후
· 롤 브러쉬로 모발 아래를 안쪽으로 살짝 들어 가도록 컬을 만들어 줍니다
· 필요에 따라 앞머리는 미니 아이롱으로 살짝 뒷쪽으로 정리해줍니다.
· 소프트 왁스를 손바닥 위에 적당량 덜어서
· 바깥 부분을 중심으로 좌우로 털듯이 왁스를 도포합니다.

• 스윙 컬스타일

STYLE TIP

cut

자연스러운 질감과 공기감을 느낄 수 있는 어쉬 매트릭의 그라데이션 보브 커트

perm

자연스러운 볼륨감을 연출하여 모류의 흐름에 중점을 둔 디지털 펌

color

차갑지만 세련되고 도시적인 느낌의 애쉬 브라운 컬러

HAIR STYLING

· 타월로 충분히 말린 후
· 헤어 에센스를 모발 안쪽으로 도포하고
· 찬바람으로 전체적으로 가볍게 드라이한다.
· 포인트를 주기 위해 아이롱을 이용하여 옆쪽으로 넘겨 컬감을 만든다.

• 보브 어쉬메트릭 A라인

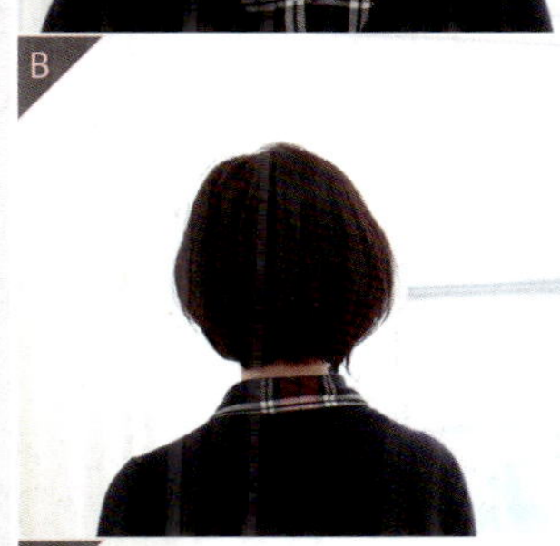

STYLE TIP

cut

전체적인 디자인 아웃라인은 원랭스 보브 스타일의 라인을 가지고 있지만 비대칭의 어쉬메트리(비대칭)부분 라인은 두상의 골격을 이용한 A라인 그라데이션. 백포인트를 중심으로 디스커넥션 커트로 볼륨감을 살리고, 랜덤식 슬라이싱 커트로 전체적인 실루엣에 다발감을 플러스한 커트

perm

심한 곱슬 모발이 아닌경우 내츄럴한 두상쪽 볼륨을 유지할수 있는 라인 디지털펌

color

너무 단순하지 않으면서도 튀지 않은 8레벨 정도의 핑크퍼플 원메이크업 컬러

HAIR STYLING

· 곱슬의 경우에는 앞에서 보이는 가름마 부분이라도 살짝 펴 주면 전체적으로 깔끔한 인상을 줄 수 있습니다. 비교적 짧은 얼굴 앞쪽은 작은 미니사이즈의 아이롱을 사용하는 것이 더 편리하고 화상 등의 위험부담을 줄일 수 있습니다.

• 밥브 애쉬 베이지 웨이브

STYLE TIP

cut
사랑스러운 이미지 연출을 위해 그라데이션 커트를 베이스로 하여 뒷두상에 볼륨감이 생기도록 하고 무게감 포인트는 턱선에 두어 너무 가벼워지지 않게 질감처리한 스타일

perm
기존에 강하게 남아 있던 웨이브를 살리기 위해 손상된 모발 컨디션을 단계별로 케어를 하여 모발에 건강함을 주고, 왁스 스타일링으로 마무리하여 깜찍한 이미지로 연출

color
시원스러운 느낌에 애쉬브라운과 베이지브라운 컬러를 믹싱한 밝은 컬러

HAIR STYLING

· 전체적으로 가볍게 털듯이 흔들면서 두피부터 말리고
· 모발의 표면은 깔끔하게 롤 브러시를 빗 듯이 드라이 한 후
· 웨이브 부분은 위쪽으로 살짝 들어 올리듯 찬바람으로 말려주고
· 소프트 왁스나 헤어 에센스를 소량 덜어서 가볍게 쥐듯이 도포한다.

STYLE TIP

cut

그라데이션 커트로 자연스러운 볼륨감을 만들 수 있도록 디자인

perm

자연스럽고 깜찍한 이미지의 굵은 웨이브
작은 웨이브가 바깥쪽으로 살짝 삐침

color

자연스럽고 화사한 느낌의 에쉬 브라운

HAIR STYLING

- 샴푸 후 두피부터 충분히 말린 다음
- 웨이브 부분은 손가락으로 살짝 말 듯 컬을 만들어 주고
- 윗 부분은 롤 브러쉬로 살짝 펴줍니다.
- 오일 에센스나 소프트왁스로 주먹으로 쥐듯이 구겨주고
- 광택 스프레이로 가볍게 뿌려주고 웨이브의 모발 끝은 살짝 꼬아줍니다.

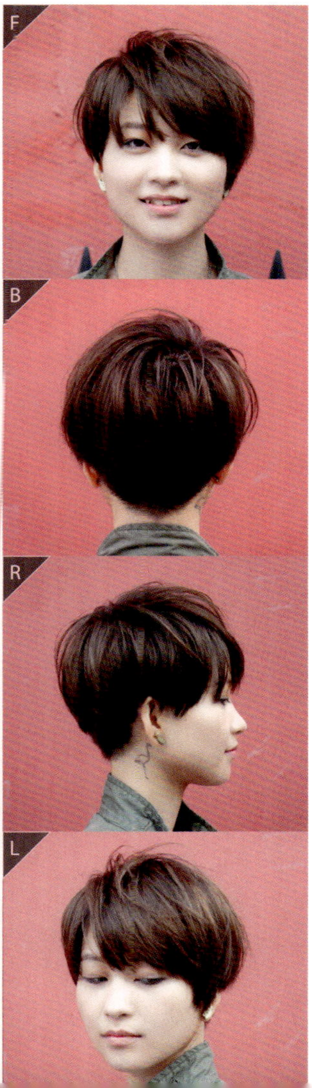

STYLE TIP

cut

레저를 이용한 무겁지 않은 머쉬룸 스타일

perm

곱슬인 경우에는 필요에 따라 깔끔한 볼륨 매직 추천

color

상큼한 투명감의 카키 브라운 컬러와 호일 워크로 입체감 연출

HAIR STYLING

- 위 부분은 가볍게 쥐듯이 해서 손가락 사이로 드라이의 바람을 넣어 다발감을 만들고
- 옆머리는 살짝 들어서 볼륨감 있게 드라이 한 후
- 소프트 왁스를 소량 덜어서 가볍게 쥐듯이 도포하고
- 모발의 끝부분에는 손가락 끝으로 꼬아주 듯 포인트를 만들어 준다.

• 보브 핑크 오렌지 그라데이션 컬러 디지털 펌

STYLE TIP

cut

차분한 느낌의 무게감 있는 A라인 보브단발

perm

(No perm) 아이롱 연출. 필요에 따라서 볼륨매직과 디지털펌으로 충분히 시술

color

비비드한 느낌의 오랜지와 핑크색의 그라이데이션 염색

HAIR STYLING

- 샴푸 후 (산성샴푸) 전체적으로 자연스럽게 말리고
- 두피쪽을 들어서 드라이하면서 볼륨감을 살려준 후
- 찬바람으로 모발 아래를 구기듯이 컬을 만들어 줍니다.
- 필요에따라 앞머리는 미니 아이롱으로 살짝 안쪽으로 말아 줍니다.
- 소프트 왁스를 손바닥 위에 적당량 덜어서
- 바깥부분을 중심으로 좌우로 털듯이 왁스를 도포합니다.

STYLE TIP

cut

원랭스에 가까운 무게감이 있는 보브 단발 머리 여자 헤어스타일

perm

no perm (원형 마샬 아이롱으로 스타일링)

color

골드베이지 컬러로 입체감이 느껴지는 헤어스타일

HAIR STYLING

- 자연스러운 볼륨감을 위하여 일반적인 왁스보다는 에어왁스를 사용하는 것이 좋습니다.
- 모발을 살짝 들어 안쪽으로 분사하고 손가락 끝으로 자연스럽게 털어줍니다.

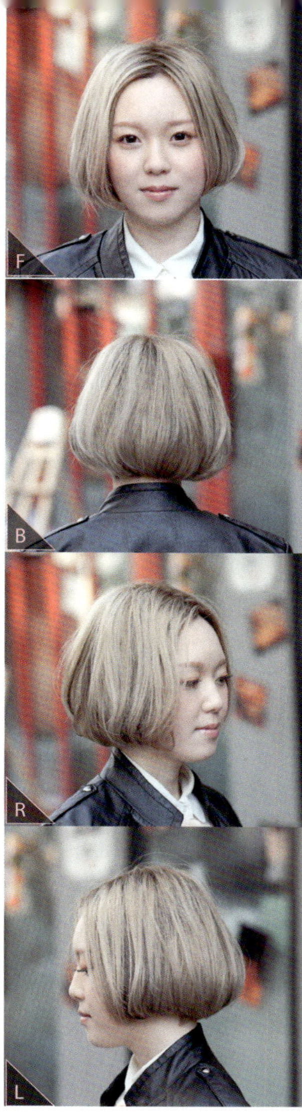

• 보브 단발 골드베이직 컬러

• 보브 어시메트릭 비대칭 A라인 베이직 컬러

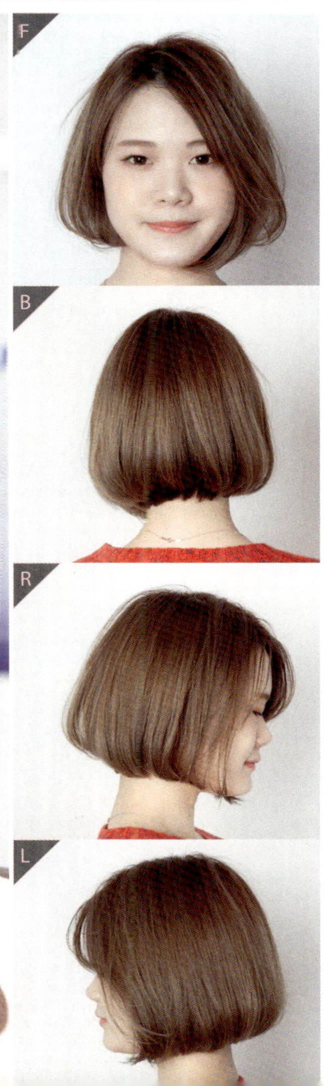

STYLE TIP

cut

자연스러운 질감을 살린 비대칭의 A라인 보브 단발 커트

perm

(No perm)간편한 손질을 위하여 위에는 볼륨매직과 아래는 디지털 펌으로 C컬 디자인

color

화사한 봄에 더욱 잘 어울리는 베이지 컬러

HAIR STYLING

- 샴푸 후에 두피부터 말리면서 볼륨감을 만들어 준다.
- 평판 아이롱을 이용하여 옆머리를 C 커브를 그리 듯 드라이하고
- 모발 끝부분은 안쪽으로 한 바퀴 정도를 말아서 확실하게 C컬을 만들고
- 소프트 왁스를 가볍게 털 듯이 도포하면서 자연스러운 다발감을 만들면서 정리한다.

• 보브 볼륨매직 티어드롭

STYLE TIP

cut

전체적으로 층은 많이 내지 않은 커트와 심플한 가운데 얼굴 주변에 샤프한 커트로 작은 얼굴을 더욱 작게 보이게한 커트

perm

드라이로 표현한 상황 이지만 펌으로 연출 가능하며 펌(볼륨매직) ,왁스와 에센스를 믹스하여 가벼운 스타일링으로 면과 입체감을 동시에 연출

color

매트애쉬 베이스 컬러로 스모키 한 투명감을 주었고 호일워크로 명도차를 준 보다 부드러운 컬러 디자인

HAIR STYLING

· 전체적으로 모발을 살짝 들어서 두피부터 말리면서 볼륨감을 만들고
· 모발의 끝이 안쪽으로 확실하게 들어갈 수 있도록 손으로 안쪽으로 방향감을 잡아 주고
· 앞머리는 롤 브러시로 자연스럽게 방향감을 만든 후
· 오일 타입의 에센스로 모발의 표면과 끝 부분을 위주로 도포한다.

STYLE TIP

cut

자연스러운 공기감과 커트라인이 자연스러운 머쉬룸(바가지 머리) 커트

perm

모질에 따라서 볼륨매직으로 자연스러운 공기감을 디자인

color

전체적으로는 밝은 에쉬를 베이스로하고 얼굴 라인을 따라서 내츄럴 브라운 컬러를 믹스하여 입체감과 얼굴이 작아 보이는 존컬러

HAIR STYLING

- 정수리 부분은 손으로 살짝 들어 두피부터 말려 볼륨감을 최대한 살려 줍니다.
- 쳐지기 쉬운 윗 머리는 브러쉬를 이용하여 자연스러운 공기감을 만들어 주고
- 소프트 왁스를 이용하여 살짝 쥐듯이 구기며 왁스를 도포하면서
- 모발의 끝부분은 손가락으로 차분하게 정리합니다.

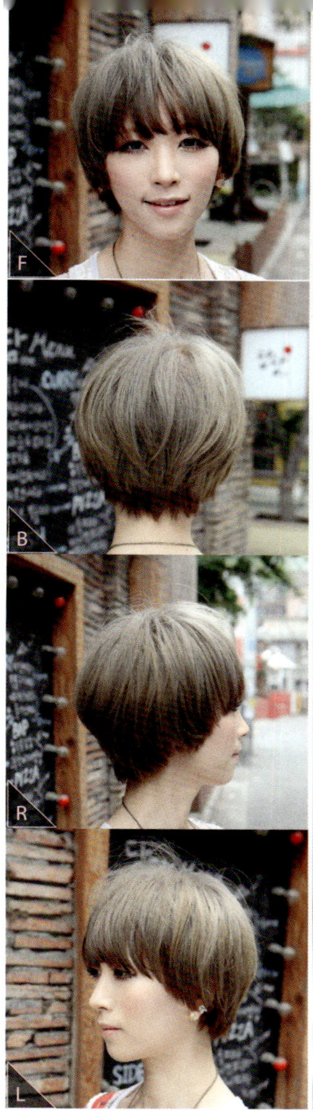

STYLE TIP

cut

복고풍의 머쉬룸에서 조금은 가볍고 다발감을 주는 바가지 머리 헤어스타일

perm

볼륨매직으로 자연스러운 볼륨감이 느껴지는 머쉬룸 바가지머리 헤어스타일

color

포근하고 화사한 느낌의 에쉬브라운 컬러

HAIR STYLING

- 분위기와 느낌에 따라서 귀여운 이미지를 연출 하고 싶은 경우에는 평판 아이롱을 이용하여 끝쪽 부분을 안쪽으로 살짝 넣어주면 간편하게 큐트한 이미지를 연출 할 수 있습니다.

• 보브 쇼트그라 투톤

STYLE TIP

cut

두상에 형태가 아름답게 보일 수 있도록 둥글게 커트 하고 모발끝에 질감 처리로 샤프한 인상으로 마무리

perm

위쪽은 볼륨매직 아래쪽은 디지털 펌으로 믹스한 믹스펌

color

얼굴이 더 작아 보일수 있도록 앞머리와 얼굴 주위에는 투톤으로 음영을 만들어 주고, 너무 밝지않은 차가운 계열에 중명도 컬러로 세련된 이미지 강조.

HAIR STYLING

· 너무 여성스럽고 가볍지 않는 커트 라인에 지나치게 큐트해지지 않도록 모발끝에 가벼운 C컬과 왁스 스타일링으로 마무리

STYLE TIP

cut

원랭스의 베이스 커트에 레이어 커트와 슬라이스 커트로 가벼움을 표현

perm

볼륨 매직으로 자연스러운 볼륨감과 차분함, 윤기감을 표현

color

애쉬 매트 브라운 컬러와 하이라이트로 세련되면서 캐주얼한 컬러 연출

HAIR STYLING

· 쳐지기 쉬운 정수리 부분의 모발을 들고 두피부터 말리면서 볼륨감을 살리고
· C컬 부분은 롤 브러시로 살짝 안으로 들어갈 수 있도록 넣어 주면서 드라이 한 후
· 한 손으로 받치고 또 한 손으로는 안쪽에 헤어 에센스를 도포하고 정리한다.

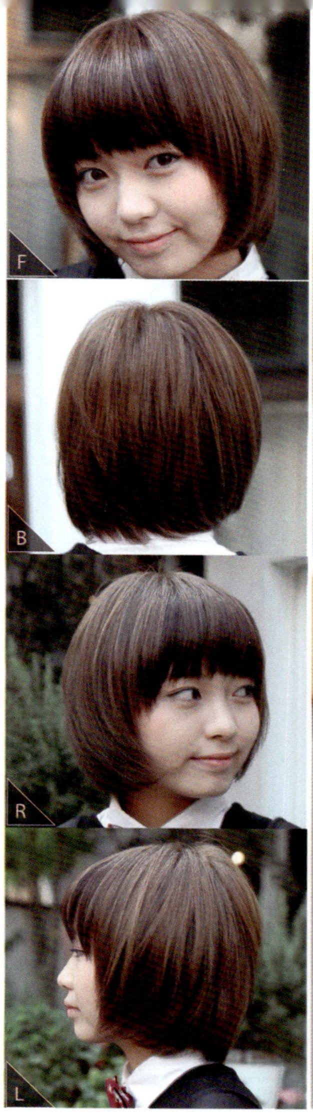

STYLE TIP

cut

베리숏트의 뒤머리와 함께 구렛나루를 살리면서 앞머리에 무게감을 준 보브 커트

perm

반곱슬이나 직모인 경우에는 모질에 따라서 볼륨매직으로 깔끔하게 디자인이 가능

color

전체적으로는 에쉬 계열의 내츄럴 브라운 컬러로 은은하고 화사한 이미지를 주는 컬러 디자인

HAIR STYLING

· 깔끔한 볼륨매직 느낌을 연출하기 위하여 우선 모발을 살짝들어 두피부터 말려준 후 롤 브러쉬를 모발 안쪽으로 넣어 쓸어 내리듯 드라이를 하면 깔끔하면서도 볼륨감 있는 스타일을 연출할 수 있습니다.

• 원렝스 보브 단발 투톤 컬러

After

STYLE TIP

cut
무게감을 살린 원랭스의 보브단발머리 커트

perm
간편한 손질을 위하여 위에는 볼륨매직과 아래는 디지털 펌으로 C컬 디자인

color
화사한 베이지 컬러와 부분 호일워크 하이라이트

HAIR STYLING

· 전체적으로 모발을 살짝 들고 두피부터 말리면서 볼륨감을 만들어 준다.
· 평판 아이롱으로 앞머리와 옆머리를 C컬을 그리 듯 드라이하고
· 웨이브 부분은 구기듯 아래에서 위쪽으로 올리면서 찬바람으로 말린다.
· 소프트 왁스로 웨이브 부분을 구기듯 올리면서 가볍게 도포하고 정리한다.

STYLE TIP

cut

무겁지 않으면서도 볼륨감을 살릴 수 있도록 레이어 커트와 앞머리 뱅을 디자인하여 큐트함 연출

perm

모질에 따라 디지털 펌으로 볼륨감에 중점을 두어 시술

color

전체적으로 채도가 낮은 퍼플 컬러 매니큐어를 사용해 개성을 표현

HAIR STYLING

- 쳐지기 쉬운 정수리 부분의 모발을 들고 두피부터 말리면서 볼륨감을 살리고
- 모발의 끝부분은 안쪽으로 살짝 넣어 주듯 찬바람으로 말린다.
- 자연스러운 앞머리의 방향감을 만들어 줄 수 있도록 롤 브러시로 방향을 준다.
- 헤어 에센스로 전체적으로 도포하고 C컬 부분을 받쳐 올리듯 하면서 정리한다.

STYLE TIP

cut

짧은 레이어 커트와 틴닝의 뱅 헤어스타일

perm

(No perm) 왁스 스타일링

color

포근하고 따뜻한 분위기의 라이트 브라운 컬러 헤어스타일

HAIR STYLING

- 쳐지기 쉬운 정수리 부분은 손으로 충분히 들어서
- 두피쪽부터 말려주면서 볼륨을 살려 주고
- 드라이를 제거한 후에도 5초정도 계속 주먹을 쥐면서
- 냉각(고정) 시키면 쉽게 쳐지지 않고
- 유지기간이 길어 집니다.

• 보브 단발 굵은 C컬 디지털 펌

STYLE TIP

cut

무게감 있는 그라데이션 보브 커트

perm

곱슬인 경우에는 필요에 따라 깔끔한 볼륨 매직과 디지털 펌 추천

color

너무 밝지 않은 내츄럴 브라운 컬러

HAIR STYLING

· 전체적으로 두피부터 말리면서 볼륨감을 살리고
· C컬 부분은 손바닥 위에 들어 올리듯 찬바람으로 말린다.
· 자연스러운 앞머리의 방향감을 만들어 줄 수 있도록 롤 브러시로 방향을 준다.
· 소프트 왁스나 에센스로 C컬 부분을 받쳐 올리듯 도포하고 정리한다.

STYLE TIP

cut

차분하고 무게감이 느껴지는 원랭스 커트 베이스에 부드러운 질감처리

perm

볼륨매직으로 축모교정으로 단정하고 깔끔한 스타일을 강조

color

검은색으로 염색되어 얼룩져 보이는 스타일을 전체적으로 밝게 하고 라인쪽에 로우라이트로 그라데이션을 만들어 얼룩이 자연스럽게 연결

HAIR STYLING

- 전체적으로 가볍게 털 듯이 두피부터 말리고
- 옆머리는 볼륨감을 살릴 수 있도록 안쪽에서 바깥쪽으로 드라이한다.
- 모발의 끝이 안쪽으로 자연스럽게 들어갈 수 있도록 손으로 방향감을 잡아 주고
- 차분한 느낌으로 크림 타입의 에센스로 모발의 표면과 끝부분을 위주로 도포한다.

STYLE TIP

cut

개성있는 모드한 비대칭 어시메트릭 보브 커트

perm

(No perm)

color

젊은 감각의 개성있는 에쉬 브라운 컬러

HAIR STYLING

- 위 부분의 모발은 살짝 들고 두피부터 말리면서 볼륨감을 만들어 주고
- 손가락을 이용하여 자연스럽게 정리하듯 드라이 한 후
- 소프트 왁스를 소량 덜어서 가볍게 털듯이 도포한다.

• 보브 단발머리 볼륨매직

STYLE TIP

cut

그라데이션 커트를 베이스로 샤프한 느낌의 짧은 보브 커트

perm

전체적으로 자연스러운 볼륨감의 볼륨매직

color

자연스러운 컬러감으로 너무 밝지 않은 내츄럴 브라운 컬러

HAIR STYLING

- 샴푸 후에 드라이어로 전체적으로 털듯 자연스럽게 말리고
- 두피 쪽은 들어서 드라이하면서 볼륨감을 살려준 후
- 평판 아이롱를 이용하여 윗머리를 깔끔하게 펴 줍니다.
- 헤어 에센스를 손바닥 위에 적당량 덜어서
- 바깥 부분과 끝 부분을 중심으로 좌우로 털듯이 도포합니다.
- 웨이브 부분은 손으로 살짝 쥐듯이 움켜 쥐고 펴 주면서 자연스럽게 도포합니다.

STYLE TIP

cut

전체적인 볼륨감과 발란스를 유지하기 위하여 네이프 부분을 투블럭 커트

perm

볼륨 매직과 디지털 펌의 믹스 웨이브로 활동적이고 캐주얼한 느낌

color

건강미와 쿨한 이미지를 주는 자연스러운 블랙 컬러

HAIR STYLING

- 머리를 감고 나서 타올 드라이 한다음 에센스를 바르고 찬바람으로 머리를 말려줍니다.
- 바람방향은 밑에서부터 위로 들어올리듯 말립니다.
- 마무리는 소프트왁스로 가볍게 발라 뻗치듯 손질하면 완성

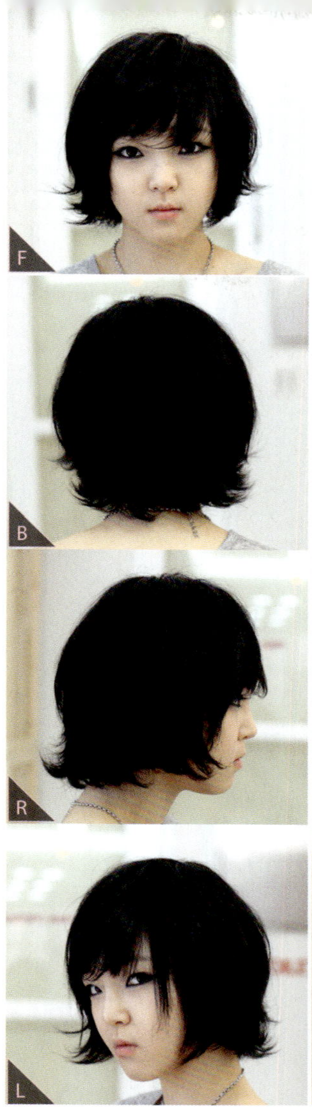

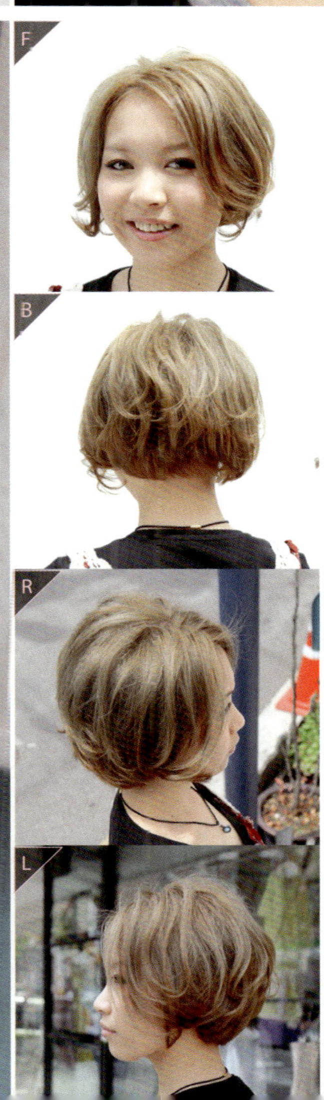

STYLE TIP

cut

스트록 기법과 슬라이드 테크닉을 이용한 깜찍한 그라보브 디자인

perm

여성적인 이미지을 위해 아이롱으로 굵은 웨이브를 연출 했으나 펌으로도 디자인이 가능한 스타일

color

이국적인 카키골드 컬러를 베이스로 메트크린과 오랜지 컬러가 믹싱된 호일워크

HAIR STYLING

- 타월 드라이와 헤어드라이어를 이용하여 90%이상 원형의 마샬 아이롱을 준비하여 윗머리와 옆머리를 얼굴 안쪽과 바깥쪽으로 교차하면서 굵은 웨이브를 만들어 주면 여성적이면서도 큐트한 이미지를 연출 할 수 있습니다.

• 보브 큐트 단발 볼륨매직

STYLE TIP

cut

원랭스 보브 단발로 무게감을 주면서 앞머리 뱅은 스트록 커트으로 질감 처리한 보브 단발 볼륨매직 여자 헤어스타일

perm

깔끔하고 자연스러운 볼륨감을 위한 볼륨매직 보브단발 겨울 여자 헤어스타일

color

애쉬브라운의 따뜻한 컬러감과 호일워크로 입체감을 준 컬러 헤어스타일

HAIR STYLING

· 샴푸 후 전체적으로 드라이어로 충분히 말 후 모발의 끝을 살짝 안쪽으로 넣어주면 더 귀엽고 깜찍한 볼륨매직 스타일을 연출 할 있습니다.

STYLE TIP

cut

복고풍의 머쉬룸 보브 베이스에 전체를 스트록 커트 기법으로 질감조절

perm

베이비펌 느낌의 굵고 자연스러운 원컬과 전체의 실루엣을 살려 부드러움을 연출

color

레드 브라운 컬러로 따뜻하고 생기있는 느낌 연출

HAIR STYLING

- 모발을 손가락으로 살짝 들어 틀어주 듯 두피부터 말리면서 볼륨감을 만들고
- 앞 머리와 옆 머리는 롤 브러시로 살짝 안쪽으로 방향을 드라인 한 후
- 소프트 왁스로 러프하게 털어주 듯 도포하고 다시 손가락으로 정리해 준다.

STYLE TIP

cut

무게감있는 그라데이션 보브 단발머리 커트

perm

모질감을 살리면서 블로우로 정리하였으나 모질에 따라서 볼륨매직으로 가능

color

전체적으로 밝은 느낌의 에쉬브라운 컬러로 베이스를 하고 호일워크를 이용하여 하이라이트를 넣어 입체감이 느껴지는 헤어컬러

HAIR STYLING

- 전체적으로 모발을 살짝 들어서 두피부터 말리면서 볼륨감을 만들고
- 앞머리는 롤 브러시를 이용하여 가르마 방향으로 자연스럽게 드라이를 하고
- 모발의 끝이 안쪽으로 들어갈 수 있도록 평판 아이롱으로 C컬을 만들어 준다.
- 오일 타입의 에센스로 모발의 표면과 끝부분을 위주로 도포한다.

• 보브 스타일러 디지털 웨이브

STYLE TIP

cut

보브 단발의 미디엄 레이어 커트 디자인

perm

자연스러운 웨이브의 스파이럴 디지털 웨이브

color

산뜻한 컬러감의 오렌지브라운 컬러

HAIR STYLING

· 느낌에 따라서 조금 더 웨이브가 필요하다면 평판 아이롱를 이용하여 바깥쪽으로 살짝 돌려주면 하루종일 탱글탱글한 웨이브를 연출 할 수 있습니다.

STYLE TIP

cut

도시적인 느낌의 앞쪽이 살짝 긴 A라인으로 세련되고 얼굴을 작아 보이게하는 보브 커트 디자인

perm

전체적으로 자연스러운 볼륨감이 살아있는 볼륨매직 펌 디자인

color

여름에 잘 어울리는 상큼한 오렌지 브라운 컬러 디자인

HAIR STYLING

· 헤어드라이어를 이용하여 80%이상 충분히 말린 후 평판 아이롱을 이용하여 앞쪽 머리를 옆쪽으로 방향감을 주면서 끝부분에서 살짝 돌려주면서 굵은 컬을 만들어 주면 아나운서 느낌의 이미지를 연출할 수 있습니다.

• 보브 A라인아나보브

• 베이지 컬러 머쉬룸 보브 단발머리

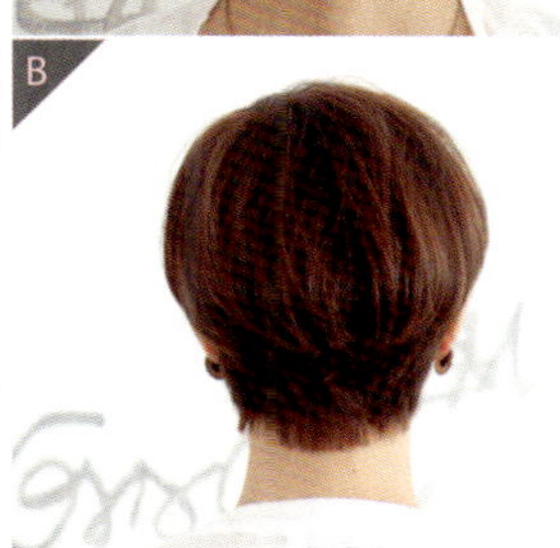

STYLE TIP

cut

볼륨감을 살려주는 머쉬룸+보브단발 커트

perm

관리가 비교적 간편한 자연스러운 볼륨 매직 일본 여자 헤어스타일

color

화사한 베이지 컬러

HAIR STYLING

· 샴푸 후에 드라이어로 전체적으로 털듯 자연스럽게 말리고
· 두피 쪽은 들어서 드라이하면서 볼륨감을 살려준 후
· 손가락 사이로 바람으로 말려줍니다.
· 자연스럽게 손으로 흔들면서
· 헤어 에센스나 소프트 왁스, 또는 무스를 이용해서 구기듯 스타일을 완성 합니다.

• 보브 원랭스 쿠퍼브라운 컬러

STYLE TIP

cut

소프트한 느낌의 무게감 있는 원랭스 보브 단발 커트

perm

모질에 따라서 볼륨매직으로 자연스럽고 깔끔하게

color

화사하고 은은한 레드계열의 쿠퍼브라운 컬러

HAIR STYLING

· 샴푸 후 (산성샴푸) 전체적으로 자연스럽게 말리고
· 두피 쪽을 들어서 드라이하면서 볼륨감을 살려준 후
· 찬바람으로 모발 아래를 구기듯이 컬을 만들어 줍니다.
· 필요에 따라 앞머리는 미니 아이롱으로 살짝 뒷쪽으로 정리해줍니다.
· 소프트 왁스를 손바닥 위에 적당량 덜어서
· 바깥 부분을 중심으로 좌우로 털듯이 왁스를 도포합니다.

STYLE TIP

cut
너무 무겁지 않게 그라데이션 커트

perm
유지기간이 길고 스타일링이 비교적 간편한 디지털 펌

color
가을 겨울에 잘 어울리는 차분한 분위기의 레드브라운 컬러

HAIR STYLING

- 전체적으로 모발을 살짝 들어서 두피부터 말리면서 볼륨감을 만들고
- 웨이브가 있는 부분은 찬 바람으로 구기듯 드라이를 하고
- 앞머리는 롤 브러시로 자연스럽게 방향감을 만든 후
- 무스 타입의 왁스로 웨이브 부분을 위주로 구기듯이 도포한다.

STYLE TIP

cut
시크한 느낌의 무게감 있는 A라인 보브단발 커트 얼굴이 작아 보이는 스타일

perm
(아이롱연출) 모질에 따라서 볼륨매직과 디지털펌으로 충분히 시술가능

color
입체감이 비비드한 느낌의 오랜지와 핑크색의 그라이데이션 염색 기법으로 트렌디한 헤어컬러

HAIR STYLING

- 샴푸 후 전체적으로 자연스럽게 말리고
- 두피쪽을 들어서 드라이하면서 볼륨감을 살려준 후
- 찬바람으로 모발 아래를 구기듯이 컬을 만들어줍니다.
- 필요에따라 앞머리는 미니 아이롱으로 살짝 뒷쪽으로 정리해줍니다.
- 소프트 왁스를 손바닥 위에 적당량 덜어서
- 바깥 부분을 중심으로 좌우로 털듯이 왁스를 도포합니다.

STYLE TIP

cut

차분하고 부드러운 느낌의 보브 레이어 커트

perm

디지털 펌으로 C컬의 자연스럽고 볼륨감 있는 펌

color

화사하고 은은한 컬러감의 에쉬 브라운 컬러

HAIR STYLING

- 샴푸 후 (산성 샴푸) 전체적으로 자연스럽게 말리고
- 두피 쪽을 들어서 드라이하면서 볼륨감을 살려준 후
- 롤 브러쉬를 이용하여 겉머리를 깔끔하게 펴 줍니다.
- C컬 부분은 손으로 살짝 안쪽으로 모아주면서 찬바람으로 드라이 합니다.
- 소프트 왁스를 손바닥 위에 적당량 덜어서
- 바깥부분을 중심으로 좌우로 털듯이 왁스를 도포합니다.

STYLE TIP

cut

단발 보브 가이드 라인과 풀뱅 스타일에서 랜덤식 슬라이싱 커트로 가벼움과 공기감을 부여

perm

가볍게 핸드 드라이를 이용한 스타일링

color

언더섹션과 오버섹션은 채도의 차를 이용해서 가벼움의 효과를 준 모노 톤 애쉬 컬러

HAIR STYLING

- 귀엽고 깜찍한 이미지 연출을 위하여
- 아이롱으로 앞머리를 라운드 뱅으로 살짝 말고
- 매트한 소프트 왁스로 가볍게 다발감을 만들어 준다.

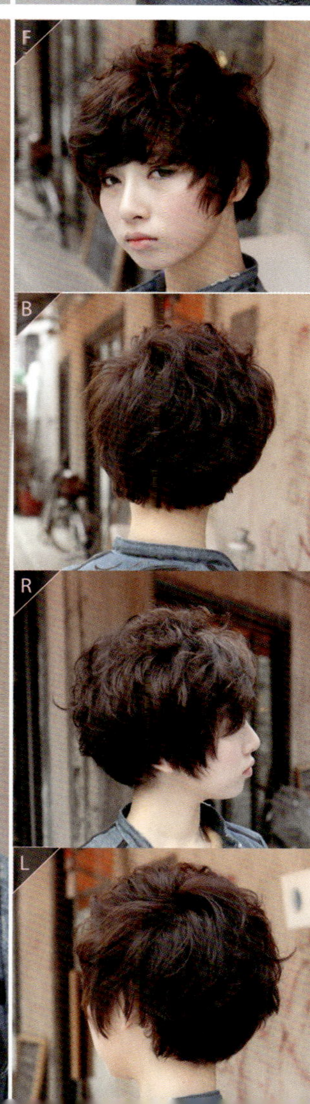

STYLE TIP

cut

탑 부분 웨이브가 많이 형성되 있는 부분에 컬감을 강조하기 위한 비대칭 커트 스타일

perm

자연스러우면서도 불규칙한 웨이브의 쉐도우 펌

color

귀여워 보이는 오랜지 컬러와 함께 카키컬러의 고급스럽고 몽랑한 동화속 미소녀적인 느낌을 주는 신비한 느낌의 컬러

HAIR STYLING

- 자연스러운 볼륨감을 위하여 웨이브 부분을 손으로 살짝 들어 두피부터 드라이하고 찬바람으로 웨이브를 구기듯 드라이 한다.

• 어쉬메트릭 투 블럭 커트 퍼플에쉬그라데이션

STYLE TIP

perm

곱슬기가 있는 경우 볼륨매직으로 깔끔하게 펴고 디지털 펌으로 자연스러운 볼륨컬

color

존컬러, 퍼플에쉬 브라운 컬러를 그라데이션 기법으로을 사용하여 믹스된 헤어컬러

makeup

봄 여름 가을 겨울 어느 계절이나 화사한 느낌의 색조감이 들어간 데이 메이크업

HAIR STYLING

· 산성 샴푸를 이용하여 샴푸 후에 헤어드라이어로 전체적으로 자연스럽게 말리고
· 두피 쪽을 들어서 드라이하면서 볼륨감을 살려준 후
· 평판 아이롱를 이용하여 깔끔하게 펴 줍니다
· 소프트 왁스를 손바닥 위에 적당량 덜어서
· 바깥 부분을 중심으로 좌우로 털듯이 왁스를 도포합니다.

STYLE TIP

cut

보브단발의 기본으로 그라데이션과 비대칭의 어시메트릭 보브단발 커트 헤어스타일

perm

(no perm) 핸드 드라이로만 스타일링

color

자연스럽고 차분한 이미지의 딥에쉬브라운 컬러 헤어스타일

HAIR STYLING

- 자칫 쳐지기 쉬운 정수리 부분은 마샬 원형 아이롱을 이용하여
- 뿌리부분을 상하로 움직이면서 살려주면 볼륨이 살아나며
- 쳐지지 않고 이쁜 두상을 만들어 줄 수 있습니다.

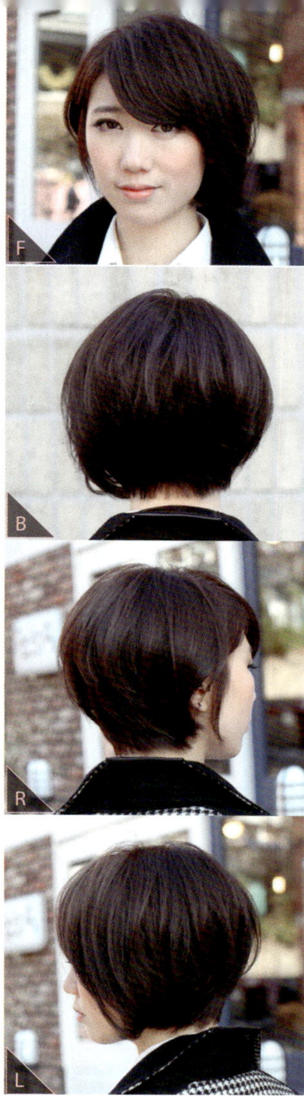

• 어시메트리 비대칭 보브단발

• 보브 에쉬브라운 글래머스 웨이브

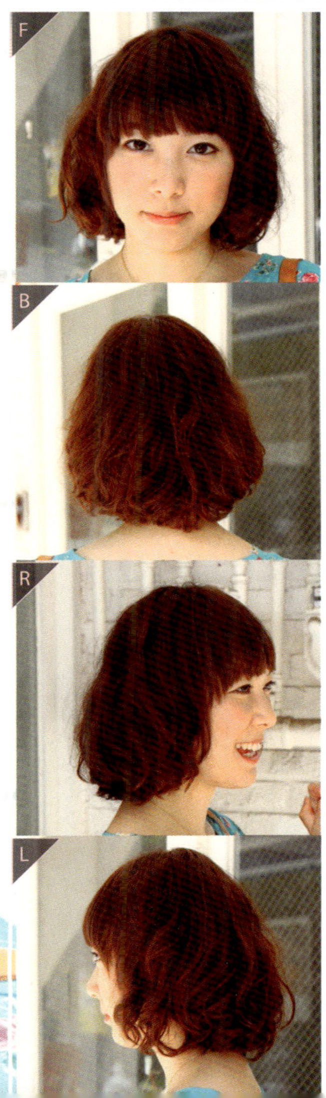

STYLE TIP

cut

큐트한 이미지를 연출하기 위하여 원랭스의 스타일에서 자연스런 질감처리로 가볍게 디자인된 커트 스타일로 손질이 쉽고 정돈되기 쉬운 일자 단발스타일

perm

자연스럽고 글래머스한 컬로 부시시하면서도 스타일링이 간편하여 왁스 만으로도 변화를 자유롭게 즐길 수 있는 보브 웨이브

color

투명한 느낌을 줄 수 있는 밝은 애쉬브라운 컬러로 하여 웨이브 움직임이 더 자연스럽게 보이는 컬러

HAIR STYLING

- 두피를 살짝 들고 드라이하여 자연스런 볼륨감을 만들어 준다. (드라이어:JMW M5001A)
- 웨이브 부분을 손가락으로 돌돌 말아서 손바닥에 올리고 드라이 한다.
- 너무 강하지않고 에센스 기능이 있는 껌 왁스를 소량 덜어낸다. (제품:밀본 퓨레쥼 5번 왁스)
- 웨이브 끝 부분 부터 양손으로 가볍게 쥐듯 살짝 구겨준다.

• 보브 원랭스 믹스 볼륨매직c컬

After

STYLE TIP

cut
원랭스의 무게감을 유지하면서 끝 부분에만 질감 처리한 보브 커트

perm
위에는 볼륨매직으로 펴고 아래는 디지털 펌으로 웨이브를 넣은 믹스펌

color
에쉬 브라운 계열의 컬러로 자연스럽고 화사한 이미지 연출

HAIR STYLING

· 샴푸 후에 드라이어로 전체적으로 털듯 자연스럽게 말리고
· 두피쪽은 들어서 드라이하면서 볼륨감을 살려준 후
· 평판 아이롱를 이용하여 윗머리를 깔끔하게 펴 줍니다.
· 헤어 에센스를 손바닥 위에 적당량 덜어서
· 바깥 부분과 끝 부분을 중심으로 좌우로 털듯이 도포합니다.
· 웨이브 부분은 손으로 살짝 쥐듯이 움켜쥐고 펴 주면서 자연스럽게 도포합니다.

STYLE TIP

cut

얼굴라인은 따라 둥글게 만들고 작은 얼굴로 표현할 수 있는 레이어 커트과 중간에는 그라데이션으로 공기감을, 네이프는 레이어로 가벼움을 줌

perm

안쪽말기와 바깥말기 mix로 전체적으로 느슨한 s컬로 부드러움과 푹신함을 표현하고 귀부분은 바깥말음으로 세련미와 발랄함을 강조

color

11레벨의 애쉬브라운 부드러우면서 도회적인 이미지로 변신

HAIR STYLING

- 헹구지않는 트리트먼트를 모발끝에 바르고 찬바람으로 말린다.
- 80% 정도 건조되면 평판 아이롱으로 웨이브의 끝부분을 살짝 말아주어
- 샤프한 이미지를 만들어 주고 소프트왁스를 전체적으로 도포하면서 스타일을 잡는다.

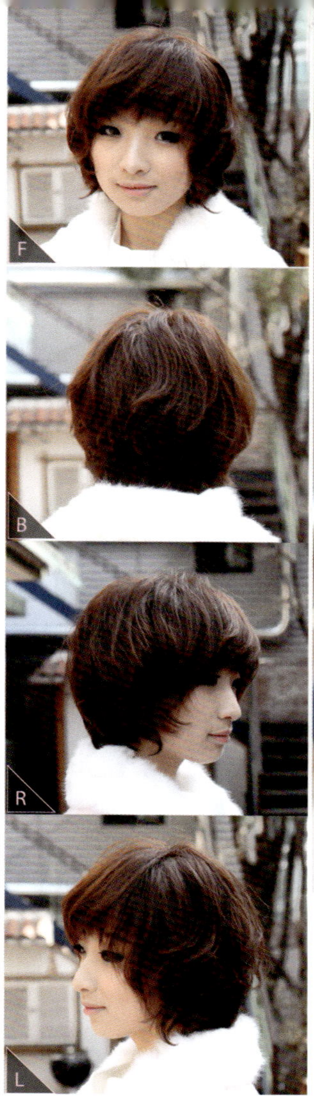

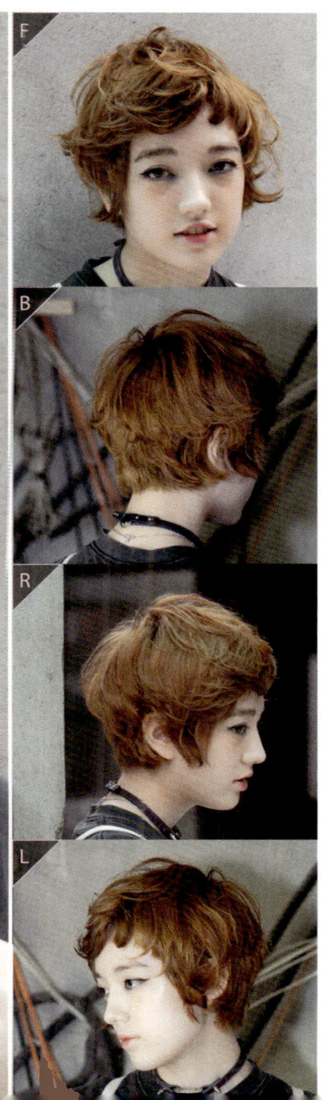

STYLE TIP

cut

전체적으로 볼륨감을 살리면서 중성적인 느낌을 주는 숏트 보브

perm

자연스러운 곱슬 느낌의 C컬 내츄럴 웨이브

color

이국적인 분위기의 밝은 베이지 컬러

HAIR STYLING

- 샴푸 후 (산성샴푸) 전체적으로 자연스럽게 말리고
- 두피 쪽을 들어서 드라이하면서 볼륨감을 살려준 후
- C컬 부분은 손가락으로 돌돌 말아서 찬바람으로 드라이합니다.
- 소프트 왁스를 손바닥 위에 적당량 덜어서
- 바깥 부분을 중심으로 좌우로 털듯이 왁스를 도포합니다.

• 보브 원랭스 보브 볼륨매직

STYLE TIP

cut

작은 얼굴이 더 작게 보이는 커트 디자인으로 라인쪽으로 뾰족뾰족 살짝 질감을 주어 너무 단순하지 않도록 커트

perm

둥근 이미지의 이쁜 두상를 느낄 수 있는 볼륨매직

color

화사한 이미지를 위하여 밝은 브라운 계열의 컬러로 전체를 밝게 보이는 효과

HAIR STYLING

- 전체적으로 가볍게 털 듯이 두피부터 말리고
- 옆머리는 볼륨감을 살릴 수 있도록 안쪽에서 바깥쪽으로 드라이한다.
- 모발의 끝이 안쪽으로 자연스럽게 들어갈 수 있도록 손으로 안쪽으로 방향감을 잡아 주고
- 자연스러운 광택이 보일 수 있도록 오일 타입의 에센스로 모발의 표면과 끝부분을 위주로 도포한다.

STYLE TIP

cut

얼굴이 작아 보이는 그라데이션 보브 커트

perm

(No perm) 여성 직장인의 경우 디지털 펌으로 자연스러운 펌 추천

color

은은한 컬러감이 느껴지는 스모키 카키 컬러

HAIR STYLING

- 샴푸 후 전체적으로 자연스럽게 말리고
- 두피 안쪽부터 따뜻한 바람으로 말리면서 볼륨감을 만들어 줍니다.
- 평판 아이롱으로 바깥쪽으로 삐치는 느낌으로 포인트를 만들어 주고
- 소프트 왁스를 손바닥 위에 적당량 덜어서
- 아래 쪽 부분을 중심으로 살짝 구기 듯 왁스를 도포합니다.
- 때에 따라서 스프레이를 사용하여 볼륨을 만들어 주면서 고정합니다.

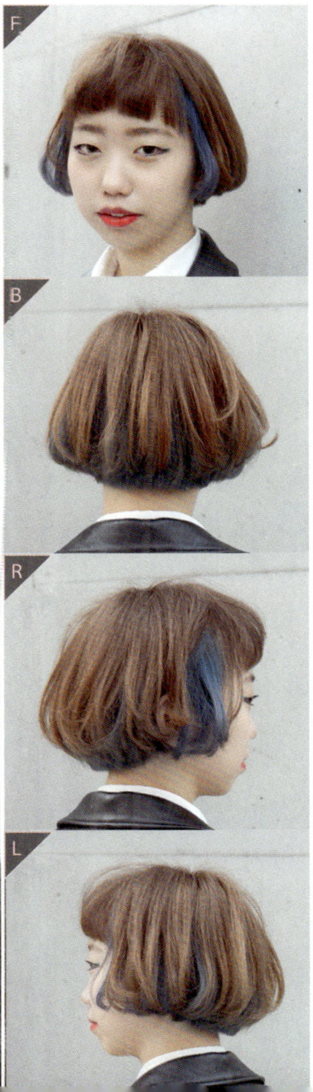

STYLE TIP

cut

너무 가볍지 않도록 그라데이션 보브 단발

perm

(No perm)필요에 따라서 볼륨매직과 디지털펌 시술

color

화사하고 포근한 느낌의 에쉬 브라운 컬러와 에쉬 블루 컬러의 존컬러

HAIR STYLING

- 샴푸 후 (산성샴푸) 전체적으로 자연스럽게 말리고
- 두피쪽을 들어서 드라이하면서 볼륨감을 살려준 후
- 모발의 끝은 얼굴쪽으로 넣어주면서 자연스러운 컬을 만들어 줍니다.
- 필요에따라 앞머리는 미니 아이롱으로 살짝 안쪽으로 말아 줍니다.
- 소프트 왁스를 손바닥 위에 적당량 덜어서
- 바깥부분을 중심으로 좌우로 털듯이 왁스를 도포합니다.
- 때에 따라서 앞머리와 윗머리는 스프레이를 사용하여 볼륨을 만들어 주면서 고정합니다.

• 보브 투블럭 단발

STYLE TIP

cut

단차이가 있는 투블럭 커트로 이쁜 옆모습고 자연스러운 볼륨감으로 손질이 간편하고 무게감이 느껴지는 커트

perm

혼자서 손질하기에도 너무도 간편한 디지털 웨이브 스타일로 바깥쪽 웨이브와 안쪽 웨이브가 불규칙하게 연결

color

부드럽고 시크한 이미지의 레드계열 카퍼 브라운 컬러, 화사하고 부드럽지만 약간은 시크한 느낌의 컬러 디자인

HAIR STYLING

- 웨이브가 강한 부분은 드라이어의 찬바람으로 건조시키고
- 앞쪽 양쪽 머리는 미니 아이롱으로 얼굴 안쪽+앞쪽 방향으로 살짝 돌려주면서 포인트를 주면 큐트하고 센스있는 느낌을 연출 할수 있다.
- 얼굴쪽은 특히 화상 등에 주의하여야 하므로 가급적 사용이 쉬운 미니 아이롱을 사용하는 것이 효과적!!

STYLE TIP

cut

자연스러운 공기감과 볼륨감이 믹스된 A 라인의 보브 그라데이션 커트

perm

내츄럴한 볼륨감을 주는 볼륨펌 웨이브 디자인

color

전체적으로는 에쉬 계열의 체리브라운 컬러로 화사한 이미지를 주는 컬러 디자인

HAIR STYLING

- 큐트한 느낌을 줄 수 있도록 전체적으로 충분히
- 드라이 한 후 마샬 컬링 아이롱을 이용하여
- 옆머리의 끝부분을 살짝 돌려 잡고 말아 주면
- 자연스러운 볼륨감과 귀여운 이미지를 줄 수 있습니다.

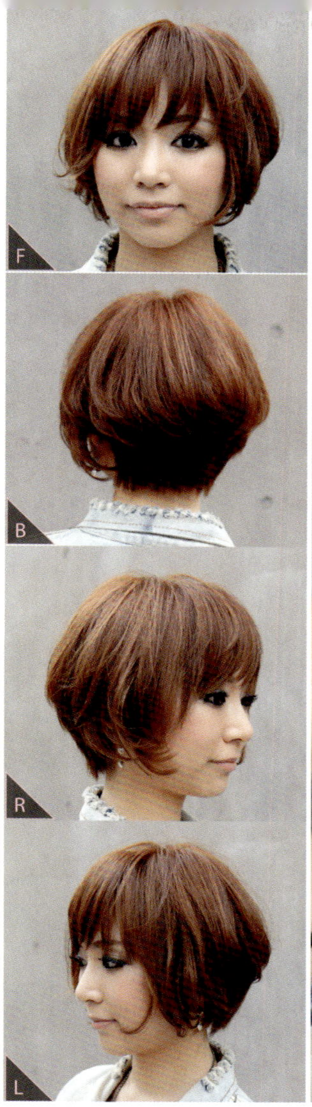

STYLE TIP

cut

원랭스 보브의 정형적인 단발 커트과 풀뱅의 앞머리

perm

디지털 펌을 이용하여 바깥 삐침머리의 C컬 웨이브 보브 단발

color

레드의 빨간색 매니큐어와 블랙 컬러의 믹스로 입체적이고 비비드한 컬러 헤어스타일

HAIR STYLING

- 샴푸 후 전체적으로 드라이어로 충분히 말린 후
- 원형의 롤 브러시를 이용하여 말아서 드라이하고
- 모발에 가해진 열이 식기 전에 손으로 잡아 주면서
- 냉각시켜주는 방법으로 확실한 삐침머리를 연출한다.

• 보브 심플볼륨매직

STYLE TIP

cut
자연스러운 볼륨감의 버블 보브 커트

perm
너무 과하지 않은 듯 네츄럴한 웨이브의 디지탈 펌

color
다크 브라운과 쿠퍼 브라운이 믹스된 호일 워크의 입체감 있는 컬러

HAIR STYLING

- 위 부분의 모발은 살짝 들고 두피부터 말리면서 볼륨감을 만들어 주고
- 손가락을 이용하여 자연스럽게 정리하듯 드라이 하면서
- 웨이브 부분은 손가락으로 살짝 돌려 주면서 찬바람으로 말립니다.
- 무스 왁스를 소량 덜어서 가볍게 쥐듯이 도포한다.

STYLE TIP

cut

중성적인 느낌의 볼륨감 있는 쇼트보브

perm

버티컬 섹션의 자연스러운 컬감의 일반 파마

color

단순함을 피하면서 트랜디한 컬러감의 바이올렛 브라운 컬러

HAIR STYLING

- 정수리 부분의 모발은 살짝 들고 두피부터 말리면서 볼륨감을 만들어 준다.
- 앞머리는 원하는 방향을 따라서 가볍게 롤 브러시로 방향감을 만들고
- 웨이브 부분은 살짝 쥐듯 드라이한다.
- 크림타입의 헤어 에센스로 가볍게 도포하고 마무리한다.

STYLE TIP

cut

밝은 컬러에 안정감과 무게감을 줄 수 있는 원랭스의 보브 커트

perm

자연스러운 볼륨감으로 얼굴이 작아 보이는 효과의 내추럴 볼륨매직

color

반사 빛이 적은 메트 골드 브라운 컬러로 이국적이고 화사한 컬러

HAIR STYLING

- 샴푸 후 90% 이상 드라이로 건조하고
- 중간 사이즈의 평판 아이롱을 이용해서 옆머리를 안쪽으로 살짝 넣어주고
- 헤어 에센스나 소프트 왁스를 손바닥에 덜어 펼친 후
- C컬 부분에 손가락을 모발 안쪽으로 넣어 빼주는 방법으로 도포한다.

• 보브 디지털펌 퍼플에쉬 컬러

STYLE TIP

cut

차분한 느낌의 무게감 있는 그라데이션 보브 커트

perm

선명하고 풍성한 웨이브의 디지털 펌
(필요에 따라서 볼륨매직과 디지털펌 시술)

color

은은한 컬러감의 자연스러운 퍼플에쉬 컬러

HAIR STYLING

- 두피 쪽을 들어서 드라이하면서 볼륨감을 살려준 후
- 모발의 끝의 웨이브는 손가락으로 살살 돌려 손바닥에 올린 후
- 찬바람으로 드라이를 하면 더욱 선명하고 강한 컬감을 만들 수 있습니다.
- 필요에 따라 앞머리는 미니 아이롱으로 살짝 방향감을 만들어 줍니다.
- 소프트 왁스를 손바닥 위에 적당량 덜어서
- 바깥 부분을 중심으로 살짝 구기듯 왁스로 도포합니다.

STYLE TIP

cut

원랭스 보브를 베이스로 적당한 무게감과 중간중간 공기감이 느껴지는 드라이 커트

perm

선명한 웨이브와 관리가 간편한 디지털 펌

color

입체적인 컬러감을 주는 브라운 컬러 하이라이트 위빙

HAIR STYLING

· 전체적으로 두피부터 드라이하면서 볼륨감을 만들어 주고

· 찬바람으로 부스스하게 웨이브를 충분히 살려서 손가락 사이로 드라이를 한 후

· 모스 왁스나 소프트 왁스로 웨이브 부분을 주먹으로 쥐 듯이 가볍게 도포한다.

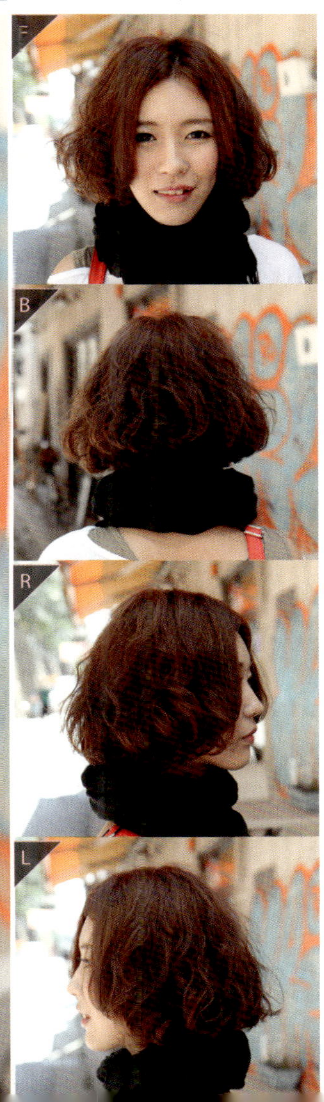

STYLE TIP

cut

턱선 정도에 보브 단발의 그라데이션 커트로 탑은 움직임이 있는 레이어 커트

perm

비교적 관리가 간편하고 컬이 오래 유지되는 굵은 웨이브의 디지털 펌

color

붉은 톤이 없는 투명한 느낌에 밝은 매트 애쉬 브라운 컬러로 캐주얼한 분위기

HAIR STYLING

· 전체적으로 두피부터 드라이하면서 볼륨감을 만들어 주고

· 찬바람으로 부스스하게 웨이브를 충분히 살려서 손가락 사이로 드라이를 한 후

· 소프트 왁스나 헤어 에센스로 웨이브 부분을 주먹으로 쥐 듯이 가볍게 도포한다.

• 러블리 그라보브 쿠퍼브라운

STYLE TIP

cut
그라데이션 커트로 볼륨감을 살리면서 소프트한 분위기의 커트 헤어스타일

perm
(no perm)아이롱으로 연출 하였으나 디지털 펌으로 시술 가능

color
살짝 레드가 느껴지는 쿠퍼브라운 계열의 성숙한 분위기의 컬러 헤어스타일

HAIR STYLING

- 샴푸 후 (산성샴푸) 전체적으로 자연스럽게 두피부터 말리고
- 평판 아이롱을 이용하여 탑과 중앙 부분은 펴고 아래 부분은 바깥쪽으로 쌀짝 말아준 후
- 자연스러운 볼륨감을 위해 스프레이 왁스를 이용하여 모발을 들어 안쪽으로 분사하고
- 소프트 왁스로 모발의 끝선을 정리하고 전체적인 발란스를 맞추며 마무리 합니다.

STYLE TIP

cut

세임 레이어로 두상의 라인을 만들면서 그라데이션의 커트로 볼륨감을 살린 보브 헤어스타일

perm

(no perm) 곱슬이 있는 경우 볼륨매직으로 깔끔하게

color

라이트 브라운 계열의 화사하고 밝은 분위기의 컬러 헤어

HAIR STYLING

- 샴푸 후(산성샴푸) 전체적으로 자연스럽게 두피부터 말리면서 볼륨감을 살려 주면서
- 구렛나루 부분은 드라이의 방향을 아래로하면서 샤프한 질감을 만들어 줍니다.
- 자연스러운 볼륨감을 위해 스프레이 왁스를 이용하여 모발을 들어 안쪽으로 분사하고
- 소프트 왁스로 구렛나루와 모발의 끝 선을 정리하고 전체적인 발란스를 맞추며 마무리 합니다.

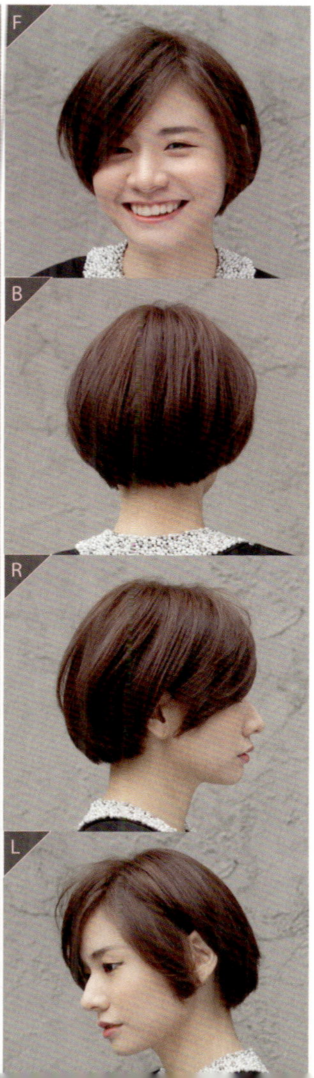

STYLE TIP

cut

너무 가볍지 않도록 그라데이션 보브 단발의 커트 여자 헤어스타일

perm

(No perm) 필요에 따라서 볼륨매직으로 시술

color

화사하고 포근한 느낌의 메트 브라운 컬러의 여자 헤어스타일

HAIR STYLING

- 샴푸 후(산성샴푸) 전체적으로 자연스럽게 말리고
- 두피쪽을 들어서 드라이하면서 볼륨감을 살려준 후
- 모발의 끝은 얼굴쪽으로 넣어주면서 자연스러운 컬을 만들어 줍니다
- 소프트 왁스를 손바닥 위에 적당량 덜어서
- 바깥부분을 중심으로 좌우로 털듯이 왁스를 도포합니다.
- 때에 따라서 앞머리와 윗머리는 스프레이를 사용하여 볼륨을 만들어 주면서 고정합니다.

• 보브 A라인 투톤 컬러 스크레치

STYLE TIP

cut

A라인 그라데이션 보브단발+뒷 쪽에 스트래치

perm

곱슬인 경우에는 필요에 따라 깔끔한 볼륨 매직 추천

color

헬시브라운 컬러 체리브라운 에쉬 컬러로 이어지는 그라데이션 투톤 컬러

HAIR STYLING

- 전체적으로 모발을 살짝 들어서 두피부터 말리면서 볼륨감을 만들고
- 가르마 양쪽 방향으로 롤 브러시를 이용하여 C 커브를 그리 듯 드라이를 하고
- 모발의 끝이 안쪽으로 들어갈 수 있도록 평판 아이롱으로 C컬을 만들어 준다.
- 오일 타입의 에센스로 모발의 표면과 끝부분을 위주로 도포한다.

STYLE TIP

cut

무게감 있는 짧은 보브 단발머리

perm

전체적으로 깔끔하고 볼륨감 있는 볼륨 매직

color

화사하고 부드러운 이미지의 애쉬 브라운 컬러

HAIR STYLING

· 전체적으로 모발을 살짝 들어서 두피부터 말리면서 볼륨감을 만들고
· 옆머리는 손바닥으로 살짝 눌러 주면서 깔끔하게 드라이한 후
· 크림 타입의 에센스로 모발의 표면과 끝부분을 위주로 도포한다.

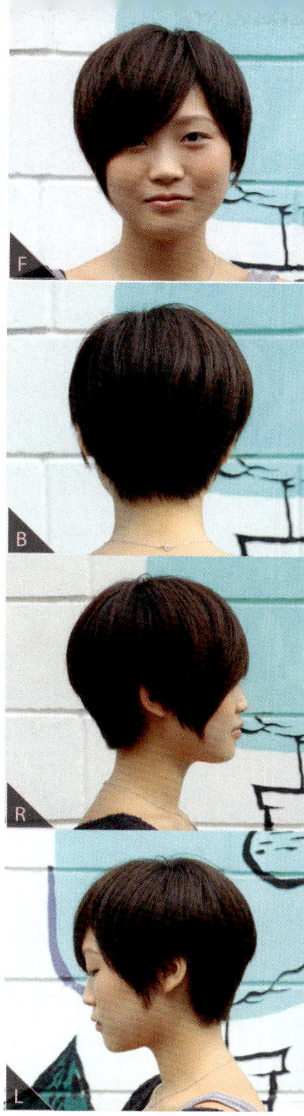

STYLE TIP

cut

원랭스에 답답해 보일 수 있는 커트라인에 포인트로 앞머리 겉 표면을 사선으로 커트하여 투톤 느낌을 강조

perm

디지털펌으로 전체적인 볼륨감과 자연스러운 웨이브를 만들어 주고 매직기로 윗 부분을 살짝 펴주는 보브 연출

color

무난해 보이는 커트스타일에 난색과 한색 두가지 컬러로 개성을 강조하기 위해 겉 표면에 애쉬계열로 안정감과 균일감을 주었고 페이스 라인에 적색계열(핑크퍼플)로 화려하고 활동적인 개성감을 연출

HAIR STYLING

· 가볍게 털듯이 흔들면서 두피부터 말리고
· 모발의 표면은 깔끔하게 롤 브러시를 빗 듯이 드라이 한 후
· 끝부분은 안쪽으로 들어갈 수 있도록 손바닥으로 방향을 잡아 준 다음에
· 헤어 에센스를 소량 덜어서 가볍게 도포한다.

• 그라데이션보브 믹스 볼륨매직C컬

STYLE TIP

cut
무게감을 유지하면서 끝 부분에만 슬라이스 커트로 질감 처리

perm
위에는 볼륨매직으로 펴고 아래는 디지털 펌으로 웨이브를 넣은 믹스펌

color
에쉬브라운 계열의 컬러로 자연스럽고 화사한 이미지 연출

HAIR STYLING

· 샴푸 후에 드라이어로 전체적으로 털듯 자연스럽게 말리고
· 두피 쪽은 들어서 드라이하면서 볼륨감을 살려준 후
· 평판 아이롱를 이용하여 윗머리를 깔끔하게 펴 줍니다.
· 헤어 에센스를 손바닥 위에 적당량 덜어서
· 바깥 부분과 끝 부분을 중심으로 좌우로 털듯이 도포합니다.
· 웨이브 부분은 손으로 살짝 쥐듯이 움켜쥐고 펴 주면서 자연스럽게 도포합니다.

STYLE TIP

cut
자연스러운 볼륨감의 이쁜 두상으로 디자인하기 위하여 목선정도에 층을 넣고 무게감을 줄 일 수있도록 질감처리를 하여 볼륨감과 함께 얼굴이 더 작아 보이는 시각적 효과

perm
이쁜 목선을 따라 바깥쪽으로 자연스럽게 흐르는 굵은 웨이브와 옆 얼굴선을 따라 볼에서 뒤로 넘어가는 컬의 움직임으로 성숙하면서도 오묘한 분위기를 연출한 디지털 펌 웨이브

color
너무 밝지 않으면서도 자연스러운 메트 브라운으로 온화한 분위기 연출

HAIR STYLING

· 가운데에서 살짝 벗어난 위치에 지그재그의 가름마를 만들어주고 가름마 양쪽는 미니 아이롱을 이용하여 얼굴 뒷쪽으로 넘겨주면 선명한 가름마가 오랫동안 유지된다.

• 유러피안 메트에쉬 보브

STYLE TIP

cut

컬러감에 맞는 무게감을 주는 레이어 커트와
약간의 질감 커트 헤어스타일

perm

(No perm) 헤어스타일을 위하여 원형 마샬
컬링 아이롱으로 웨이브 연출

color

강한 메트 느낌을 위하여 탈색과 에쉬컬러
디자인

HAIR STYLING

- 샴푸 후 드라이어를 이용하여 충분히 말리고
- 원형 컬링 아이롱으로 앞머리를 상하로 나누고
- 안쪽으로 살짝 돌려주면 풍선한 볼륨감으로
- 얼굴도 작아 보이고 큐트한 스타일을 연출 할 수 있습니다.

STYLE TIP

cut

밝은 컬러에 맞는 무게감을 주기 위한 그라데이션 원베이스의 커트 디자인

perm

곱슬 교정을 위한 자연스러운 볼륨매직 이후 아이롱으로 웨이브 연출

color

하이톤의 골드브라운 계열의 이국적인 컬러 느낌으로 톡톡 튀는 젊은 감각의 컬러 스타일

HAIR STYLING

- 샴푸 후 드라이어를 이용하여 충분히 말리고
- 원형 컬링 아이롱으로 안쪽과 바깥쪽을 번갈아
- 렘덤하게 말아 주면서 웨이브를 만들면
- 강한 질감과 함께 펑키한 느낌의 스타일을 연출 할 수 있습니다.

STYLE TIP

cut

무게감을 유지하면서 앞쪽이 길어지는 원랭스 A라인 커트

perm

위에는 볼륨매직으로 펴고 아래는 디지털 펌으로 C컬을 넣은 믹스펌

color

에쉬브라운 계열의 컬러로 자연스럽고 화사한 이미지 연출

HAIR STYLING

- 샴푸 후에 드라이어로 전체적으로 털듯 자연스럽게 말리고
- 두피 쪽은 들어서 드라이하면서 볼륨감을 살려준 후
- 평판 아이롱를 이용하여 윗머리를 깔끔하게 펴 줍니다.
- 헤어 에센스를 손바닥 위에 적당량 덜어서
- 바깥 부분과 끝 부분을 중심으로 좌우로 털듯이 도포
- 웨이브 부분은 손으로 살짝 안쪽으로 도포

디지털 펌 내츄럴 웨이브 하이라이트 컬러

STYLE TIP

cut

무게감을 살린 레이어 커트

perm

곱슬기가 있어 필요한 경우 볼륨매직으로 깔끔하게 펴고 디지털 펌으로 자연스러운 C컬

color

네츄럴한 라이트 브라운 컬러와 호일워크의 하이라이트 포인트 컬러

HAIR STYLING

- 샴푸 후(산성 샴푸) 전체적으로 자연스럽게 말리고
- 두피 쪽을 들어서 드라이하면서 볼륨감을 살려준 후
- 평판 아이롱를 이용하여 겉머리를 깔끔하게 펴 줍니다.
- C 부분은 손가락으로 안쪽으로 살짝 돌리면서 찬바람으로 드라이 합니다.
- 소프트 왁스를 손바닥 위에 적당량 덜어서
- 바깥 부분을 중심으로 좌우로 털듯이 왁스를 도포합니다.

• 보브 심플볼륨매직

STYLE TIP

cut

샤프하고 자연스러운 볼륨감을 위하여 정교한 레이어 커트디자인

perm

깔끔하고 유지기간이 긴 볼륨매직 시술

color

너무 부자연스러운 블랙보다는 화사한 메트 브라운 컬러 디자인 (이번 컬러는 레드를 조금 가미)

HAIR STYLING

· 전체적인 볼륨감을 위하여 두피부터 가볍게 말려주고 롤 브러쉬를 이용하여 안쪽에서 바깥쪽으로 살짝 감아주면 얼굴이 작아보이는 시각적인 효과와 깔끔한 이미지를 줄 수 있습니다.

STYLE TIP

cut

보브 스타일을 베이스로하여 좌우 비대칭의 어시메트릭으로 단조로움을 피하면서 샤프한 질감의 커트 디자인

perm

곱슬인 경우에는 깔끔한 볼륨매직을 시술

color

햇살에 반사되는 반사빛이 더욱 이쁜 화사한 오렌지 브라운 컬러

HAIR STYLING

전체적으로 가볍게 80%드라이를 하고 손가락으로 자연스럽게 빗어주면 말려준 다음 앞머리 쪽은 원형 아이롱을 이용하여 바깥쪽으로 살짝 말아 주면 눈를 찌르지 않으면서도 자연스럽게 옆으로 흐르는 웨이브를 만들어 줄 수 있습니다.

STYLE TIP

cut

전체적으로 무게감을 남기고 앞쪽이 조금 길어지는 A 라인 원랭스 베이스 커트

perm

비교적 관리가 간편하고 내추럴하면서 율동감을 강조한 디지털 펌

color

20대의 사랑스러움과 귀여움을 동시에 느끼게 해주는 11레벨의 핑크 퍼플 브라운

HAIR STYLING

· 정수리 부분의 모발은 살짝 들고 두피부터 말리면서 볼륨감을 만들어 준다.
· 웨이브 전체적으로 가볍게 쥐듯이 찬 바람으로 드라이한다.
· 소프트 왁스나 헤어 에센스로 웨이브 부분을 주먹으로 쥐듯이 구겨주고 정리한다.

• 로우 그라데이션 디지털 펌

STYLE TIP

cut

차분하고 무게감 있는 로루그라데이션 커트

perm

러프한 느낌의 웨이브를 디지털 펌으로 디자인

color

자연스러운 느낌의 네츄럴 브라운 헤어컬러

HAIR STYLING

- 전체적으로 모발을 살짝 들고 두피부터 말리면서 볼륨감을 만들어 준다.
- 자연스럽게 가르마는 지그재그로 나누고
- 아래의 웨이브 부분은 뒤에서 앞쪽 방향으로 손가락으로 말아서 찬바람으로 말린다.
- 소프트 왁스로 웨이브 부분을 구기듯 올리면서 가볍게 도포하고 정리한다.

STYLE TIP

cut

그라데이션 미디엄 베이스 커트에 뒤쪽를 끌어당겨 모발 끝이 안쪽으로 들어가기 쉽게 커트

perm

유지 기간이 비교적 오래가는 디지털 펌으로 자연스러운 볼륨감을 살릴 수 있도록 디자인

color

투명감이 있는 피부를 연출할 수 있도록 소프트한 10톤 레벨의 매트 브라운 컬러

HAIR STYLING

· 샴푸 후 모발의 끝 부분은 평판 아이롱으로 살짝 들어가게 말아준다.
· 유분감과 윤기가 있는 껌 타입의 왁스를 준비하여 전체적으로 도포하고
· 손가락을 모발 속으로 넣어 살짝 흔들어 주어 자연스러운 볼륨과 다발감을 만들어 준다.
· 쳐지기 쉬운 정수리 부분은 손가락으로 살짝 들어주면서 볼륨감을 만든다.

• 에어볼륨매직

• 큐트한 미듐보브 라이트 에쉬브라운 컬러

STYLE TIP

cut

길이의 너무 무겁지 않도록 레이어 커트

perm

(No perm) 아이롱으로 연출하였으나 필요에 따라서 유지기간이 길고 스타일링이 비교적 간편한 디지털 펌

color

이국적인 분위기의 라이트 에쉬 브라운 헤어컬러

HAIR STYLING

· 전체적으로 모발을 살짝 들어서 두피부터 말리면서 볼륨감을 만들고
· 앞머리는 롤 브러시로 자연스럽게 방향감을 만든 후
· 웨이브가 있는 부분은 손가락으로 돌돌 말아서 찬바람으로 드라이를 하고
· 크림타입의 헤어에센스를 사용하여 웨이브 부분을 위주로 구기 듯이 도포한다.

• 믹스 디지털 펌

STYLE TIP

cut

적당한 무게감과 샤프함을 주는 그라데이션 커트 디자인

perm

웨이브가 선명하고 비교적 유지기간이 긴 디지털 펌과 볼륨매직을 믹스한 믹스 펌

color

은은한 반사 빛으로 화사하면서도 활동적인 이미지를 주는 레드 오렌지 컬러

HAIR STYLING

· 평범한 앞머리보다는 가름마를 지그재그로 나누고
· 눈썹 부분에서 바깥쪽으로 살짝 넘어갈 수 있도록
· 플랫 아이롱을 이용하여 방향감을 만들어 주고
· 웨이브 부분은 무스 왁스로 소량 덜어 쥐듯이 구겨준다.

STYLE TIP

cut
자연스러운 볼륨감의 그라데이션 커트를 베이스한 보브 스타일

perm
굵고 자연스러운 웨이브의 디지털 펌

color
중명도 정도의 쿠퍼브라운 계열의 화사한 헤어컬러

HAIR STYLING

모발을 살짝 들고 두피부터 말리면서 볼륨감을 만들어 준다.
중간 부분에서 모발끝을 살짝씩 꼬아가면서 부드럽게 드라이하고
소프트 왁스로 구기듯 자연스럽게 왁스를 도포한다.

• 큐트 보브스타일

하이레이어 투섹션 뱅

STYLE TIP

cut
모량이 많은 경우라도 샤프하면서도 볼륨감있는 레이어를 디자인할 수 있도록 투섹션으로 나누어 하이레이어와 디스커넥션을 이용한 로우레이어 뱅 스타일로 여성스러움을 연출

perm
윗부분은 볼륨매직으로 볼륨감을 아랫부분은 샤인 디지털로 네츄럴하고 샤프한 웨이브를 연출

color
얼굴을 작아 보이게하는 시각적 효과를 연출하기 위하여 브라운 베이스에 라이트 브라운 하이라이트와 다발감이 느껴지는 아랫부분은 로우 라이트로 디자인된 기능성 컬러

HAIR STYLING

· 전체적으로 모발을 살짝 들고 두피부터 말리면서 볼륨감을 만들어 준다.
· 롤 브러시로 윗쪽 머리를 깔끔하게 정리하면서 드라이한다.
· 웨이브 부분은 손가락으로 돌돌 말아서 손바닥 위에 올리고 찬바람으로 말린다.
· 웨이브를 목 안쪽으로 향하게 하고 오일 에센스로 웨이브 부분을 정리하듯 가볍게 도포한다.

멜티 체리 컬러

After

STYLE TIP

cut

무게감을 느끼게 하는 라인과 무게감을 경감하는 네이프 부분의 레이어로 무게감을 율동감이 받쳐주는 듯한 커트 디자인

perm

(드라이로 표현한 상황)펌으로 연출이 가능하며 펌(디지털 펌,텍스춰 펌) 후 왁스스타일링을 하면 보다 손쉽고 자연스럽게 연출이 가능한 위에서 밑으로 갈수록 볼륨감을 더하는 디자인

color

멜티 체리로 부드러움을 더하고 로 라이트 호일워크를 퍼플을 사용하여 입체감을 더한 컬러 디자인

HAIR STYLING

- 전체적으로 가볍게 털듯이 두피부터 말리고
- 모발의 표면은 깔끔하게 롤 브러시를 빗 듯이 드라이 한 후 모발 끝은 삐침머리로
- 가르마 부분은 자연스럽게 지그재그로 나누고
- 소프트 왁스를 소량 덜어서 가볍게 쥐듯이 도포한다.

STYLE TIP

cut

그라데이션 커트와 탑의 레이어 커트로 무게감과 운동감을 동시에 준 그라보브 커트 헤어스타일

perm

(no perm) 아이롱으로 연출 하였으나 디지털 펌으로 시술 가능

color

네츄럴 브라운과 바이올렛의 믹스 컬러로 차분한 분위기의 컬러 헤어스타일

HAIR STYLING

- 샴푸 후 (산성샴푸) 전체적으로 자연스럽게 두피부터 말리고
- 원형 아이롱으이용하여 중앙 부분은 안쪽으로 아래 부분은 바깥쪽으로 말아준 후
- 자연스러운 볼륨감을 위해 스프레이 왁스를 이용하여 모발을 들어 안쪽으로 분사하고
- 소프트 왁스로 모발의 끝선을 정리하고 전체적인 발란스를 맞추며 마무리 합니다.

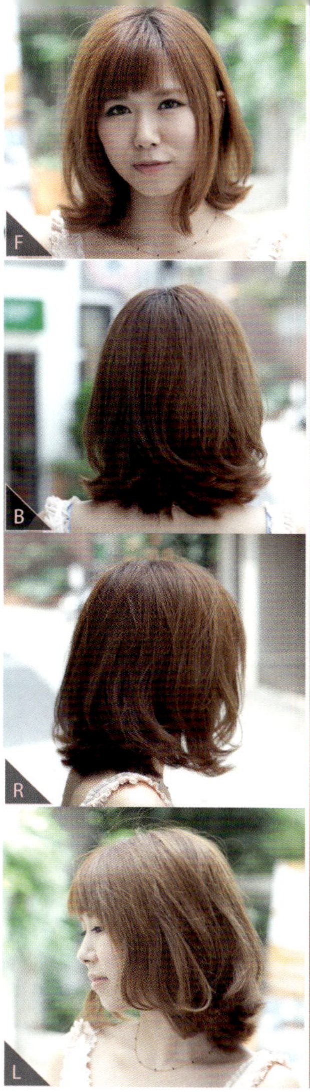

STYLE TIP

cut

층이 적은 로우 레이어 커트으로 차분한 여성적인 분위기의 여자 헤어스타일

perm

관리가 간편하고 유지기간이 긴 디지털 펌을 이용하여 굵고 자연스러운 직장인 여자 헤어스타일

color

생동감 있는 핑크계의 컬러와 얼굴 라인을 따라서 하이라이트가 들어가 입체감이 있는 여자 헤어스타일

HAIR STYLING

- 디지털 펌의 웨이브 부분을 손으로 살짝 말아 손 바닥에 올린 후 헤어드라이어의 찬 바람을 이용하여 말려주면 하루종일 탱글한 웨이브를 연출 할 수 있습니다.

보브 내츄럴 디지털 펌

STYLE TIP

cut

일자 단발의 보브 커트에서 질감처리하고 표면에 레이어가 들어간 커트 헤어스타일

perm

자연스러운 네츄럴 디지털 펌 웨이브 (1개월 전 시술)

color

포근하고 은은한 분위기의 커피 브라운 애쉬 컬러 헤어스타일

HAIR STYLING

- 전체적으로 모발을 살짝 들어서 두피부터 말리면서 볼륨감을 만들고
- 모발의 끝이 안쪽으로 확실하게 들어갈 수 있도록 손으로 안쪽으로 방향감을 잡아 주고
- 앞머리는 롤 브러시로 자연스럽게 방향감을 만든 후
- 크림 타입의 에센스로 모발의 표면과 끝 부분을 위주로 도포한다.

STYLE TIP

cut

너무 가볍지 않은 무게감 있는 그라데이션 커트

perm

네츄럴한 굵은 컬 느낌의 볼륨매직과 필요에 따라서 아래 디지털 펌 믹스

color

화사하고 은은한 컬러감의 에쉬 브라운 컬러

HAIR STYLING

· 전체적으로 모발을 살짝 들어서 두피부터 말리면서 볼륨감을 만들고
· 앞머리는 가르마 방향으로 쥐듯이 드라이를 하고
· 모발의 끝이 안쪽으로 들어갈 수 있도록 평판 아이롱으로 C컬을 만들어 준다.
· 오일 타입의 에센스로 모발의 표면과 끝부분을 위주로 도포한다.

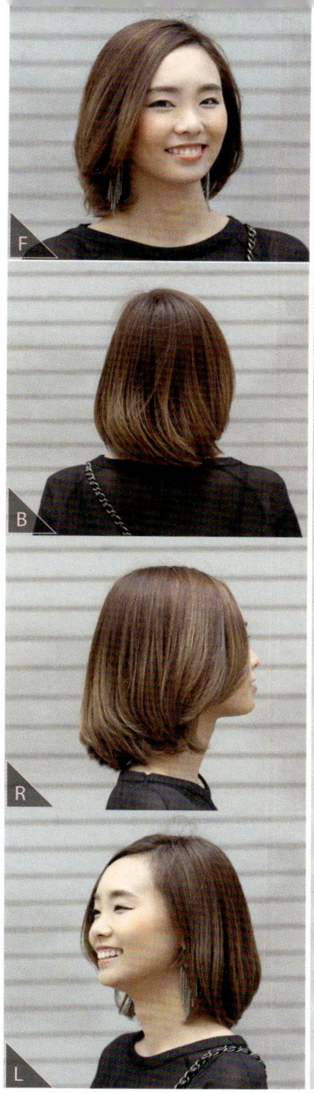

STYLE TIP

cut

층이 거의 없는 원랭스의 보브 커트 스타일에서 끝부분에 자연스럽고 섬세한 질감처리로 가벼운 느낌을 주는 커트

perm

유지기간이 길어 경제적인 디지털 셋팅펌으로 자연스럽게 안쪽으로 말리는 듯한 웨이브로 손질과 관리가 편하고 얼굴이 작아 보이는 이미지의 펌 스타일

color

내츄럴 브라운 계열의 베이스 컬러와 함께 일본 유명 연예인들 사이에서 인기있는 호일워크의 컬러링 디자인으로 자연스러운 입체감과 고급스러운 컬러감이 느껴지는 컬러 디자인

HAIR STYLING

· 가볍게 털듯이 흔들면서 두피부터 말리고
· 모발의 표면은 깔끔하게 롤 브러시를 빗 듯이 드라이 한 후
· 가르마 부분은 자연스럽게 지그재그로 나누고
· 헤어 에센스를 소량 덜어서 가볍게 쥐듯이 도포한다.

• 레이어 커트 디지털 펌 웨이브

STYLE TIP

cut
길이의 레이어 커트, 차분하고 볼륨감있는 커트

perm
(No perm)곱슬인 경우 볼륨매직과 디지털 펌의 믹스 펌

color
차분하고 자연스러운 네츄럴 브라운 헤어컬러

HAIR STYLING

· 샴푸 후에 드라이어로 전체적으로 털듯 자연스럽게 말리고
· 두피 쪽은 들어서 드라이하면서 볼륨감을 살려준 후
· 손가락 사이로 바람으로 드라이합니다.
· 자연스럽게 방향감을 만들어서 드라이 한 후
· 웨이브 부분은 손으로 살짝 쥐듯 말려준 후 털듯 풀어주고
· 헤어 에센스나 소프트 왁스, 또는 무스를 이용해서 구기듯 스타일을 완성 합니다.

STYLE TIP

cut

로우 그라 레이어 보브 디자인으로 라인의 무게감은 살리고 전체적으로 질감 처리를 통해 다발감과 공간감을 연출

perm

자연스럽고 차분한 이미지를 위여 볼륨 매직으로 표면의 윤기와 모발 끝의 C 컬을 연출

color

젊은 분위기의 매트 브라운 컬러로 부드럽고 분위기 있는 컬러 디자인

HAIR STYLING

- 쳐지기 쉬운 정수리 부분의 모발을 들고 두피부터 말리면서 볼륨감을 살리고
- C컬 부분은 손바닥 위에 들어 올리듯 찬 바람으로 말린다.
- 자연스러운 앞머리의 방향감을 만들어 줄 수 있도록 롤 브러시로 방향을 준다.
- 헤어 에센스로 C컬 부분을 받쳐 올리듯 도포하고 정리한다.

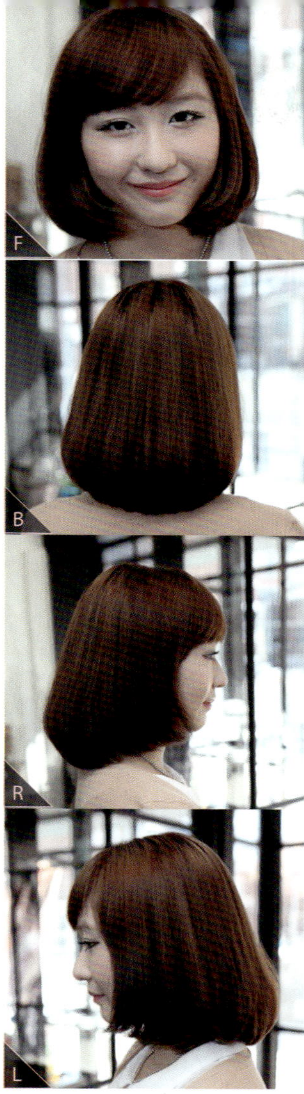

STYLE TIP

cut

전체적으로 무게감을 주는 그라데이션 베이스의 원랭스 커트

perm

일반 펌으로 풀린 듯 루즈한 웨이브 컬 디자인

color

너무 단순하지 않도록 조금은 밝은 브라운 계열의 컬러 디자인

HAIR STYLING

- 헤어드라이어를 찬바람으로 선택하고
- 웨이브 부분을 손바닥에 올려두고 말려 준 후
- 모발 보호를 위하여 헤어 에센스를 소량 덜어내어
- 웨이브 끝부분을 위주로 살짝 구기듯 도포한다.

• 소프트 C컬 디지털펌

STYLE TIP

cut

스트록 커트을 이용한 자연스러운 레이어 커트 헤어스타일

perm

유지기간과 스타일링 비교적 간편한 디지털 펌 헤어스타일

color

다크브라운 컬러를 베이스로하여 라이트 브라운을 호일워크로 디자인하여 입체감이 느껴지는 헤어스타일

HAIR STYLING

- 쳐지기 쉬운 정수리 부분의 모발을 들고 두피부터 말리면서 볼륨감을 만들어 준다.
- 웨이브 부분은 살짝 말아 손바닥 위에 올리고 찬바람으로 말린다.
- 자연스러운 앞머리의 방향감을 만들어 줄 수 있도록 롤 브러쉬로 방향을 준다.
- 소프트 왁스나 에센스로 웨이브 부분을 주먹으로 쥐듯이 구겨주고 정리한다.

STYLE TIP

cut

어깨선 약간 밑 라인의 원랭스커트으로 언더 섹션은 틴닝으로 질감처리를 하고 오버섹션과 모발끝은 슬라이드 커트으로 모발끝을 가늘게 연출

perm

트랜드한 c, s컬을 위하여 디지털 펌으로 사이드 부분은 S컬을 그리고 뒷부분은 사이드보다 큰 롯드로 네츄럴한 C&S컬을 연출

color

화사하고 포근한 이미지를 위하여 전체적인 스타일에서의 질감을 살리기위해 13레벨의 골드빛 브라운 컬러 연출들어간 데이 메이크업

HAIR STYLING

- 무엇보다 첫인상을 좌우하는 것은 깔끔한 앞머리!!
- 깔끔한 앞머리를 위하여 사이즈가 작은 미니 아이롱으로 펴주면서 살짝 방향감을 만들어 주면 시선을 가리지 않고도 간편하고 깔끔한 인상을 줄 수 있다.

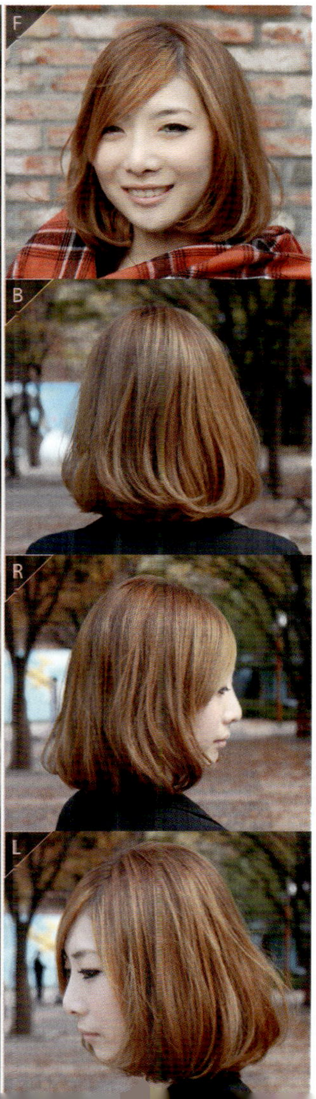

STYLE TIP

cut

무게감이 있는 원래스 보브 커트

perm

(No perm)

color

탈색 후 에쉬골드 컬러와 하이 라이트 로우 라이트가 믹스된 호일워크 기법

HAIR STYLING

- 위 부분의 모발은 살짝 들고 두피부터 말리면서 볼륨감을 만들어 주고
- 손가락을 이용하여 자연스럽게 정리하듯 드라이 하면서
- 브러쉬나 아이롱으로 끝 쪽은 안쪽으로 살짝 말아 주고
- 소프트 왁스를 소량 덜어서 가볍게 쥐듯이 도포한다.

•엘리건트 매직웨이브

STYLE TIP

cut

차분함과 무게감으로 세련된 느낌을 주는 로우 레이어 커트 헤어스타일

perm

컬링 아이롱으로 연출 하였으나 디지털 펌을 이용한 펌으로도 충분히 가능한 스타일

color

소프트하고 우아한 밀크티 컬러 디자인

HAIR STYLING

- 세련된 느낌을 주는 믹스 웨이브를 만들기 위해
- 마샬 컬링아이롱를 준비해서 볼 아랫 45° 각도로잡고
- 아랫쪽으로 서서히 풀어주면서 내려오면
- 질감과 볼륨감이 살아있는 컬링이 완성됩니다.

STYLE TIP

cut

무게감을 유지하면서 차분한 느낌의 그라데이션 커트

perm

위에는 볼륨매직으로 펴고 아래는 디지털 펌으로 C컬을 넣은 믹스펌

color

입체감이 느껴지는 호일워크 컬러(모델컬러)

HAIR STYLING

- 샴푸 후에 드라이어로 전체적으로 털듯 자연스럽게 말리고
- 두피 쪽은 들어서 드라이하면서 볼륨감을 살려준 후
- 평판 아이롱를 이용하여 윗머리를 깔끔하게 펴 줍니다.
- 웨이브 부분은 손가락으로 살짝 돌돌 말아서 드라이 합니다.
- 헤어 에센스를 손바닥 위에 적당량 덜어서
- 바깥 부분과 끝 부분을 중심으로 좌우로 털듯이 도포합니다.
- 웨이브 부분은 손으로 살짝 안쪽으로 살며시 넣어주 듯 도포합니다.

STYLE TIP

cut

길이의 층이 적은 레이어 커트

perm

깔끔하고 자연스러운 볼륨매직과 디지털 펌 웨이브의 믹스펌

color

과하지 않은 자연스러운 네츄럴 브라운 컬러

HAIR STYLING

- 위 부분의 모발은 살짝 들고 두피부터 말리면서 볼륨감을 만들어 주고
- 컬 부분은 주먹으로 구겨주 듯 찬바람으로 드라이한 후
- 무스 왁스를 소량 덜어서 컬의 아래에서 윗쪽 방향으로 들어 올리 듯 도포한다.

• 내츄럴 디지털 펌

F B
R L

STYLE TIP

cut
너무 가볍지 않도록 조절한 레이어 커트 여자 헤어스타일

perm
자연스러운 C컬과 S컬이 믹스되고 유지기간과 스타일링 비교적 간편한 디지털 펌 웨이브 여자 헤어스타일

color
메트 브라운 컬러를 베이스로하여 살짝 톤 다운된 호일워크로 디자인하여 입체감이 느껴지는 헤어스타일

HAIR STYLING

- 샴푸 후 (산성샴푸) 전체적으로 자연스럽게 말리고 모발 끝은 돌돌 말아서 말려줍니다.
- 그루프를 이용하여 앞머리를 살짝 말아 둡니다.
- 무스나 무스왁스를 손바닥 위에 적당량 덜어서
- 웨이브 부분을 중심으로 아래에서 윗쪽으로 가볍게 쥐듯 왁스를 도포합니다.
- 때에 따라서 앞머리와 윗머리는 스프레이를 사용하여 볼륨을 만들어 주면서 고정합니다.

STYLE TIP

cut

쇄골라인을 가이드라인으로 정하고 앞쪽이 길어지는 에이라인으로 커트를 하고 앞머리는 길게하여 여성스러움을 강조, 사이드와 연결감을 주어 클래식한 분위기의 커트 디자인

perm

차분함과 동시에 여성스러움, 귀염발랄을 컨셉으로 두어 모근에는 볼륨스트레이트로 안정감을 주어 만져보고싶을 정도의 부드러움을 표현하고 모발은 굵은 롯드를 사용해 C컬을 주어 사랑스러움을 더했다.

color

12레벨의 적오렌지브라운으로 봄의 상큼함과 귀여움을 연출하였다.

HAIR STYLING

샴푸 후 확실하게 타올 드라이를 한 다음 전체적으로 트리트먼트세럼을 바르고 찬바람으로 머리를 말려가면서 형태를 만들어간다.무작위로 바람에 나부끼는듯한 부드러운 머리카락이 매력적이며 곱슬머리인 경우에는 평판 매직기를 이용하여 안쪽으로 살짝 말아주듯 웨이브를 만들어 줍니다.

F

B

R

L

F

B

R

L

STYLE TIP

cut

앞쪽이 길어지는 A라인 보브 스타일에서 슬라이드 커트으로 가볍게 질감을 조절한 커트

perm

청순하고 단아한 이미지의 볼륨매직 스트레이트

color

브라운 컬러를 베이스로 하여 호일워크 기법으로 라이트 브라운 컬러를 넣은 컬러

HAIR STYLING

· 타월 드라이와 헤어드라이어를 이용하여 90%이상
· 건조한 후 플랫 아이롱을 준비하여 140도 정도의
· 온도로 셋팅하고 모발의 끝 부분을 얼굴 안쪽으로
· 살짝 돌려주면 더욱 소프트한 이미지를 줄 수 있습니다.

• 로멘틱 디지털 펌웨이브

F B
R L

STYLE TIP

cut
자연스러운 볼륨감과 웨이브의 연결을 위한 레이어 커트 디자인

perm
굵은 웨이브로 자연스럽고 소프트한 이미지를 주는 로멘틱 웨이브 스타일을 디지털 펌으로 디자인

color
에쉬 브라운의 은은하고 부드러운 느낌의 컬러 디자인

HAIR STYLING

- 샴푸 후 헤어드라이어를 이용하여 80% 정도 말린 후
- 쳐지기 쉬운 윗 부분은 손가락으로 살짝 들어
- 손가락 사이로 충분히 바람을 주면서 모발을 세워주고
- 드라이를 끈 후 약 5초간 냉각 시간을 주면 더
- 자연스러운 볼륨감을 만들어 줄 수 있습니다.

STYLE TIP

cut

전체적인 무게감으로 밝은 컬러의 명암을 조절한 레이어 커트

perm

자연스러운 볼륨감과 움직임을 주는 블로우 드라이의 스타일링

color

화사한 봄 햇살에 반사되는 은은한 레드 오랜지 컬러

HAIR STYLING

· 자칫 쳐지기 쉬운 정수리 부분은 3호 정도의 롤 블러쉬를 이용하여 볼륨감을 주면 전체적인 볼륨감이 살아나고 얼굴이 작아 보이는 시각적인 효과를 얻을 수 있습니다.

• 레드 오렌지 컬

• 러프 웨이브 디지털 펌

STYLE TIP

cut

무게감 있는 그라데이션 커트

perm

러프한 느낌의 디지털 펌

color

자연스러운 느낌의 네츄럴 브라운 헤어컬러

HAIR STYLING

· 샴푸 후 (산성샴푸) 전체적으로 자연스럽게 두피부터 말리면서 볼륨감을 살려 주면서

· 구렛나루 부분은 드라이의 방향을 아래로 하면서 샤프한 질감을 만들어 줍니다.

· 자연스러운 볼륨감을 위해 스프레이 왁스를 이용하여 모발을 들어 안쪽으로 분사하고

· 소프트 왁스로 구렛나루와 모발의 끝선을 정리하고 전체적인 발란스를 맞추며 마무리 합니다.

• 믹스 펌 브라운 컬러

STYLE TIP

cut

차분하고 자연스러운 무게감의 레이어 커트

perm

아래쪽 탱글 한 디지털 펌, 필요에 따라서 볼륨매직과 디지털 펌 믹스

color

화사하고 부드러운 이미지의 애쉬브라운 컬러

HAIR STYLING

· 전체적으로 가볍게 털 듯이 두피부터 말리고

· 옆머리는 볼륨감을 살릴 수 있도록 안쪽에서 바깥쪽으로 드라이한다.

· 모발 끝의 C컬 웨이브 부분은 손가락으로 살짝 감아서 찬바람으로 드라이하고

· 소프트 타입의 왁스로 모발의 표면과 끝부분을 위주로 도포한다.

STYLE TIP

cut

너무 무겁지 않은 레이어 커트

perm

일반 펌으로 질감이 느껴지는 텍스쳐 펌

color

은은한 레드느낌의 쿠퍼브라운 헤어컬러을 베이스로 호일워크 브릿치

HAIR STYLING

· 전체적으로 모발을 살짝 들어서 두피부터 말리면서 볼륨감을 만들고

· 웨이브가 있는 부분은 찬 바람으로 구기듯 드라이를 하고

· 앞머리는 롤 브러시로 자연스럽게 방향감을 만든 후

· 무스 타입의 왁스로 웨이브 부분을 위주로 구기 듯이 도포한다.

텍스쳐 웨이브 디지털 펌

STYLE TIP

cut

너무 무겁지 않게 텍스쳐 커트

perm

유지기간이 길고 스타일링이 비교적 간편한 텍스쳐 디지털 펌

color

겨울에 잘 어울리는 컬러감 있는 레드브라운 컬러

HAIR STYLING

· 탑 부문과 정리 부분은 살짝 들어서 두피부터 말리면서 볼륨감을 만들고

· 앞머리는 롤 브러시로 자연스럽게 방향감을 만든 후

· 웨이브가 있는 부분은 찬 바람으로 털 듯이 가볍게 드라이를 하고

· 무스 왁스를 사용하여 웨이브 부분을 위주로 구기 듯이 도포한다.

• 레이크라 텍스쳐 웨이브

STYLE TIP

cut

가벼운 느낌으로 레이어와 그레쥬에션이 믹스된 슬라이스 커트 기법으로 공기감과 다발감 형성

perm

네츄럴하고 유지기간이 긴 디지털 펌과 탑 앞머리는 자연스러운 볼륨매직으로 여성스럽고 깔끔 웨이브 디자인

color

화사한 햇살에 반사빛이 봄 느낌을 주는 네츄럴 브라운 컬러

HAIR STYLING

· 전체적으로 가볍게 80%드라이를 하고 손가락으로 자연스럽게 빗주면서 말려준 다음 옆머리 쪽은 원형 아이롱을 이용하여 바깥쪽으로 살짝 말아 주면 자연스럽게 옆으로 흐르는 웨이브를 만들어 줄 수 있습니다.

STYLE TIP

cut

너무 가볍지 않도록 그라데이션 보브 커트

perm

(No perm) 모발의 끝을 자연스럽게 말아 스타일링

color

쿨한 분위기의 내츄럴한 블랙 컬러

HAIR STYLING

- 샴푸 후 (산성샴푸) 전체적으로 자연스럽게 말리고
- 두피쪽을 들어서 드라이하면서 볼륨감을 살려준 후
- 모발의 끝은 턱 아랫쪽으로 안쪽으로 살짝 자연스러운 컬을 만들어 줍니다
- 소프트 왁스를 손바닥 위에 적당량 덜어서
- 웨이브 부분을 중심으로 아래에서 윗쪽으로 가볍게 쥐듯 왁스를 도포합니다.
- 때에 따라서 앞머리와 윗머리는 스프레이를 사용하여 볼륨을 만들어 주면서 고정합니다.

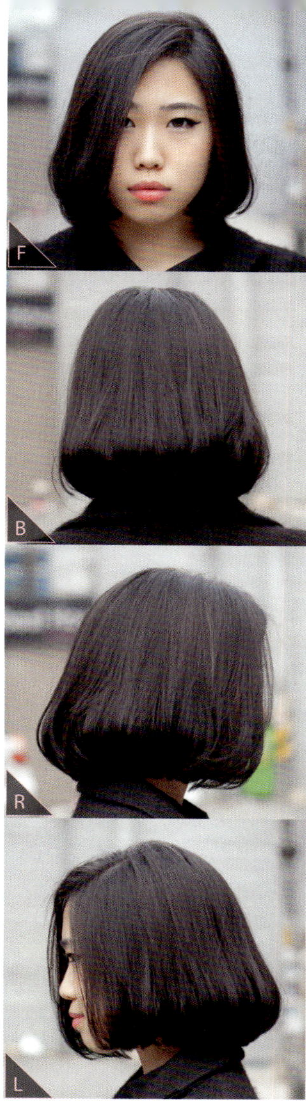

STYLE TIP

cut

전체적으로 가벼운 레이어 커트 여자 헤어스타일

perm

일반 파마나 디지털 펌으로 자연스러운 느낌의 캐쥬얼한 웨이브 헤어스타일

color

이국적인 분위기의 바이올렛 호일 워크 존컬러

HAIR STYLING

- 샴푸 후 (산성샴푸) 전체적으로 자연스럽게 말리고
- 두피 쪽을 들어서 드라이하면서 볼륨감을 살려준 후
- 웨이브 부분은 돌돌 말아서 손 위에 올리고 찬바람으로 드라이 합니다.
- 소프트 왁스를 손바닥 위에 적당량 덜어서
- 바깥 부분을 중심으로 좌우로 털듯이 왁스를 도포합니다.

STYLE TIP

cut

자연스럽게 무게감을 준 로우 레이어 커트

perm

내추럴한 굵은 웨이브 느낌의 볼륨있는 디지털 펌

color

차분하고 은은한 반사 빛의 다크 애쉬 브라운 컬러

HAIR STYLING

- 샴푸 후 (산성샴푸) 전체적으로 자연스럽게 두피부터 말리면서 볼륨감을 살려 주면서
- 구렛나루 부분은 드라이의 방향을 아래로 하면서 샤프한 질감을 만들어 줍니다.
- 자연스러운 볼륨감을 위해 스프레이 왁스를 이용하여 모발을 들어 안쪽으로 분사하고
- 소프트 왁스로 구렛나루와 모발의 끝선을 정리하고 전체적인 발란스를 맞추며 마무리 합니다.

STYLE TIP

cut

무게감 있는 원랭스 커트 + 처키뱅 앞머리

perm

모발 끝에 아이롱으로 C컬 연출 따라 깔끔한 볼륨매직과 디지털 펌 추천

color

은은한 컬러감의 이국적인 애쉬 브라운 헤어컬러

HAIR STYLING

- 전체적으로 모발을 살짝 들고 두피부터 말리면서 볼륨감을 만들어 준다.
- 앞머리는 롤 브러쉬를 이용하여 사선방향으로 방향감을 주고
- 아랫부분은 원형 아이롱으로 바깥 방향 삐침머리로 말아 준 후
- 오일 에센스로 가볍게 도포하고 정리한다.

STYLE TIP

cut

앞머리는 둥글게, 베이스라인은 앞이 자연스럽게 올라가는 레이어를 주면서 모량조절

perm

평면 말기와 세워 말기를 섞어 네츄럴한 방향감을 주었고 디지털 펌으로 자연스러운 웨이브 디자인

color

생기있는 브라운 오렌지 컬러 11레벨로 상큼함을 주는 컬러

HAIR STYLING

- 쳐지기 쉬운 정수리 부분의 모발을 들고 두피부터 말리면서 볼륨감을 살리고
- 앞머리는 롤 브러시로 살짝 옆쪽으로 굴리면서 드라이
- 웨이브 부분은 손바닥 위에 들어 올리듯 찬바람으로 말린다.
- 소프트 왁스나 에센스로 컬 부분을 살짝 구기듯 도포하고 정리한다.

레드 오렌지 액티브 하이레이어

STYLE TIP

cut

언더 섹션의 레이어는 타이트한 형태로 긴 아웃라인을 만들기 위해서 하이레이어를 기본 디자인으로 백과 프런트 부분은 디스커넥션으로 가벼움과 무게감을 주고 볼륨감을 살린 커트

perm

볼륨 매직과 디지털 펌을 믹스하여 전체적으로 부드러운 이미지를 주면서 모발끝은 내츄럴하게 연출한 웨이브 스타일

color

채도가 높은 레드 오렌지 컬러로 캐주얼함과 건강하고 귀여운 인상을 연출

HAIR STYLING

- 전체적으로 모발을 살짝 들고 두피부터 말리면서 볼륨감을 만들어 준다.
- 롤 브러시로 윗쪽 머리를 깔끔하게 정리하면서 드라이한다.
- 웨이브 부분은 손가락으로 말아서 손바닥 위에 올리고 찬바람으로 말린다.
- 소프트 왁스로 웨이브 부분을 정리하듯 가볍게 도포한다.

STYLE TIP

cut

지나치게 층이 나지 않은 자연스러운 레이어 커트

perm

관리가 비교적 간편한 자연스러운 웨이브의 디지털 펌 여자 헤어스타일

color

베이지 컬러를 베이스로 한 핫핑크, 그린, 골드옐로우 포인트 컬러

HAIR STYLING

- 샴푸 후에 드라이어로 전체적으로 털듯 자연스럽게 말리고
- 두피 쪽은 들어서 드라이하면서 볼륨감을 살려준 후
- 손가락으로 자연스럽게 쓸어 내리듯 드라이를 하면서 정리를 하고
- 웨이브 부분은 손가락으로 살짝 돌려 찬 바람으로 말줍니다.
- 자연스럽게 손으로 흔들면서 웨이브를 털 듯이 풀어주고
- 헤어 에센스나 소프트 왁스, 또는 무스를 이용해서 구기듯 스타일을 완성 합니다.

STYLE TIP

cut

그라데이션 커트를 베이스로 한 A라인 커트

perm

자연스러운 느낌의 볼륨 매직과 디지털 펌의 믹스 펌

color

에쉬 브라운 컬러

HAIR STYLING

- 샴푸 후에 드라이어로 전체적으로 털듯 자연스럽게 말리고
- 두피 쪽은 들어서 드라이하면서 볼륨감을 살려준 후
- 손가락 사이로 바람으로 드라이
- 자연스럽게 방향감을 만들어서 드라이 한 후
- 웨이브 부분은 손으로 살짝 쥐듯 말려준 후 털듯 풀어주고
- 헤어 에센스나 소프트 왁스, 또는 무스를 이용해서 구기듯 스타일을 완성 합니다.

• 밀크티 웨이브 디지털 펌

STYLE TIP

cut

전체적으로 너무 무겁지 않고 샤프한 느낌의 레이어 커트와 큐트한 느낌의 앞머리 뱅으로 커트 디자인

perm

디지털 펌을 이용한 네츄럴 웨이브.
굵고 자연스러우면서도 비교적 손질이 간편한 것이 장점

color

일본에서 꾸준한 사랑을 받고 있는 소프트한 느낌의 밀크티 브라운 컬러 디자인

HAIR STYLING

- 헤어드라이어를 이용하여 80%이상 충분히 말린 후
- 웨이브 부분은 손가락으로 살짝 돌려 손바닥 위에
- 올려두고 드라이어의 찬 바람으로 천천히 드라이하면
- 하루종일 탱탱한 웨이브를 유지할 수 있습니다

STYLE TIP

cut

전체적으로 풍성한 볼륨감과 부시시함을 줄 수 있도록 레이어 커트으로 디자인

perm

곱슬인 경우라면 윗머리는 볼륨매직으로 깔끔하게 펴 주고 디지털펌으로 세로 방향의 웨이브 디자인하여 화사한 느낌을 연출

color

자연스러운 브라운 컬러로 부드럽고 화사한 인상을 줄 수 있도록 컬러 디자인

HAIR STYLING

· 윗머리는 가볍게 말려주고 웨이브가 있는 부분은 손바닥으로 살짝 올리듯 잡고 찬 바람으로 말려주면 더욱 탱탱한 웨이브가 만들어진다.

STYLE TIP

cut

전체적으로 적당한 무게감의 레이어와 눈썹 높이의 앞머리 뱅으로 얼굴이 작아 보이는 시각적인 효과

perm

평판 아이롱으로 스타일 연출을 했으나 모질에 따라 디지털 펌으로도 충분히 시술이 가능

color

은은하고 입체감이 느껴지는 올리브그레이 컬러의 호일워크 브릿지 테크닉

HAIR STYLING

· 전체적으로 모발을 살짝 들고 두피부터 말리면서 볼륨감을 만들어 준다.
· 평판 아이롱으로 앞머리와 옆머리를 C 커브를 그리 듯 드라이하고
· 웨이브 부분은 손가락으로 말아서 손바닥 위에 올리고 찬바람으로 말린다.
· 소프트 왁스로 웨이브 부분을 구기듯 올리면서 가볍게 도포하고 정리한다.

• 디지털펌C컬 웨이브 볼륨매직

STYLE TIP

cut

자연스러운 질감을 위하여 스트록 커트 로우 레이어 헤어스타일

perm

부시시한 곱슬기를 차분하게하는 자연스러운 볼륨매직과 디지털 펌을 이용한 C컬 웨이브 헤어스타일

color

차분한 가을 느낌을 주는 메이플 컬러와 입체감있는 하이라이트 호일 워크 컬러 헤어스타일

HAIR STYLING

· 곱슬기가 있어 부시시한 분들에게는
· 볼륨매직이 가장 효과적이지만 매일아침
· 플랫 아이롱을 이용하여 빗으로 넓게
· 펼쳐 모발의 끝을 잡고 자연스럽게
· 펴 주어도 훨씬 깔끔한 느낌을 줄 수 있습니다.

• 디지털 펌 물결웨이브

F B
R L

STYLE TIP

cut
차분함과 안정적인 느낌의 원랭스 커트 디자인

perm
디지털 펌을 이용하여 우아한 물결 웨이브 펌 디자인

color
소녀적인 이미지를 주는 로즈브라운의 사랑스러운 컬러

HAIR STYLING

· 헤어드라이어를 이용하여 80%이상 충분히 말린 후 웨이브 부분은 물결을 따라 주먹을 살짝 쥐면서 윗쪽으로 조금 들어 올리듯 하면서 찬바람으로 말려준다.

• 로우 레이어 커트 디지털 펌 웨이브

After

STYLE TIP

cut

차분하게 무게감을 살린 로우 레이어 커트

perm

곱슬기가 있는 경우 볼륨매직으로 깔끔하게 펴고 디지털 펌으로 자연스러운 c, s컬

color

기존 컬러

HAIR STYLING

- 샴푸 후 (산성 샴푸) 전체적으로 자연스럽게 말리고
- 두피 쪽을 들어서 드라이하면서 볼륨감을 살려준 후
- 평판 아이롱를 이용하여 윗머리를 깔끔하게 펴 줍니다.
- c, s 부분은 손가락으로 안쪽으로 살짝 돌리면서 찬바람으로 드라이 합니다.
- 소프트 왁스를 손바닥 위에 적당량 덜어서
- 바깥 부분을 중심으로 좌우로 털듯이 왁스를 도포합니다.

• 그레이 에쉬 브라운 컬러 로우 레이어커트

STYLE TIP

cut

너무 무겁지 않은 로우 레이어 커트

perm

디지털 펌으로 내추럴한 여성 분위기를 추천

color

차분하고 센스있는 감각의 그레이 에쉬브라운 헤어컬러

HAIR STYLING

· 모발을 들고 두피부터 말리면서 볼륨감을 만들어 준 후
· 롤 브러시로 윗쪽 머리를 깔끔하게 정리하면서 드라이한다.
· 웨이브 부분은 컬의 방향에 따라서 손가락으로 돌돌 말아서 손바닥 위에 올리고 찬바람으로 말린다.
· 웨이브를 목 안쪽으로 향하게 하고 크림 타입의 헤어 에센스로 웨이브 부분을 구기듯 가볍게 도포한다.

• 마호가니디지털웨이브

STYLE TIP

cut

차분한 느낌을 주는 원랭스에 가까운 무게감과 모발의 끝부분은 샤프하게 질감 처리한 커트 디자인

perm

여성다운 느낌의 굵고 강한 웨이브를 디지털 펌으로 하여 유지기간이 비교적 오래감

color

소프트하고 은은한 반사빛이 화사한 느낌을 주는 마호가니 컬러

HAIR STYLING

· 샴푸 후 타월로 충분히 말린 후 두피부터
· 드라이하고 웨이브 부분은 손가락으로 살짝
· 돌려주면서 찬바람으로 말려주면 탱글탱글한
· 웨이브를 더 오랫동안 유지할 수 있습니다.

• 세미레이어 디지털 펌

STYLE TIP

cut
얼굴이 작아 보이는 후대각 그라데이션과 앞머리의 헤어스타일

perm
비교적 유지기간이 길고 관리가 간편한 디지털 펌 웨이브 헤어스타일

color
컬러감의 거부감이 적으면서 은은한 메트에 쉬 브라운 컬러 헤어스타일

HAIR STYLING

- 샴푸 후 드라이어로 충분히 말린 후
- 웨이브 부분을 손가락으로 돌돌 말아 손바닥에
- 올려두고 헤어드라이어의 찬바람으로 말려주시면
- 컬감이 더욱 살아나고 오랫동안 스타일을 유지할 수 있습니다.

• 퍼플 디지털 웨이브

STYLE TIP

cut
전체적으로 원랭스에 가까운 커트와 쇄골라인 밑으로 디자인된 레이어 커트

perm
디지털 펌으로 유지기간이 길고 자연스러운 클래식한 분위기의 웨이브

color
쿠퍼 브라운 컬러로 차분하면서도 분위기 있는 컬러 디자인

HAIR STYLING

· 전체적으로 모발을 살짝 들고 두피부터 말리면서 볼륨감을 살리고
· 손가락으로 빗질을 하듯이 가볍게 위에서부터 드라이를 한 후
· 웨이브 부분은 손바닥 위에 살짝 말아서 올리고 찬바람으로 말린다.
· 무스 왁스로 웨이브 부분을 주먹으로 쥐듯이 구겨주고 정리한다.

STYLE TIP

cut

무게감을 살린 레이어 커트

perm

곱슬기가 있어 필요한 경우 볼륨매직으로 깔끔하게 펴고 디지털 파마로 자연스러운 C컬

color

내츄럴한 라이트 브라운 컬러가 그라데이션으로 디자인된 헤어컬러

HAIR STYLING

- 샴푸 후 (산성 샴푸) 전체적으로 자연스럽게 말리고
- 두피 쪽을 들어서 드라이하면서 볼륨감을 살려준 후
- 평판 아이롱를 이용하여 겉머리를 깔끔하게 펴 줍니다.
- C컬 부분은 손가락으로 안쪽으로 살짝 돌리면서 찬바람으로 드라이합니다.
- 소프트 왁스를 손바닥 위에 적당량 덜어서
- 바깥 부분을 중심으로 좌우로 털듯이 왁스를 도포합니다.

• 디지털에어 웨이브

F B
R L

STYLE TIP

cut

자연스러운 에어감의 느낌을 주는 세미 레이어 컷 디자인

perm

유지기간이 긴 디지털 펌으로 굵은 여성적인 이미지의 웨이브를 비대칭(어시메트릭)으로 디자인

color

톤 다운의 호일워크 컬러기법으로 입체감과 자연스러운 웨이브의 느낌을 주는 컬러

HAIR STYLING

- 전체적으로 가볍게 80%드라이를 하고 두피부터 말려가면서 자연스러운 볼륨감을 주고 웨이브의 끝 부분은 원형 아이롱으로 살짝 돌려주며 말아주면 자연스러운 웨이브를 더욱 오랫동안 유지할 수 있다.

STYLE TIP

cut

전체적으로 가벼운 느낌의 A라인의 롱레이어 커트

perm

디지털 파마로 S컬의 자연스럽고 볼륨감 있는 러블리 펌 웨이브

color

호일워크의 밝고 화사한 컬러감의 컬러

HAIR STYLING

- 샴푸 후(산성 샴푸) 전체적으로 자연스럽게 말리고
- 두피 쪽을 들어서 드라이하면서 볼륨감을 살려준 후
- 롤 브러쉬를 이용하여 겉머리를 깔끔하게 펴 줍니다.
- S컬 부분은 손가락으로 돌돌 말아서 찬바람으로 드라이 합니다.
- 소프트 왁스를 손바닥 위에 적당량 덜어서
- 바깥 부분을 중심으로 좌우로 털듯이 왁스를 도포합니다.

• A라인 디지털 펌 하이라이트

• 내츄럴 믹스 웨이브

STYLE TIP

cut

부드럽고 트랜디한 느낌으로 얼굴 주변은 앞으로 올라가는 그라데이션, 사이드부터 앞머리에 연결되는 low 그라데이션, 커트 전체적으로는 질감 처리해서 공기감과 무겁지않은 느낌 연출

perm

기본적으로 디지털펌과 부분 매직을 바탕으로 면과 웨이브를 살리고 사이드쪽은 일반 펌으로 자연스러움과 소프트한 물결 느낌에 웨이브를 연출

color

겨울 트랜드 컬러 카멜브라운은 한색계 믹스로 부드러운느낌과 트랜디한 컬러

HAIR STYLING

- 두피부터 말리면서 볼륨감을 만들어 주고 모발의 표면은 깔끔하게 정리될 수 있도록 롤 브러쉬로 살짝 빗듯이 드라이하고 모발 끝 웨이브 부분은 손가락으로 가볍게 말아서 쥔 후 찬바람으로 말린 후에 크림 타입의 헤어 에센스로 털듯이 도포한다.

• 레이어 커트 에쉬브라운 투톤 컬러

After

STYLE TIP

cut

조금은 무게감을 유지하면서 끝 부분에만 슬라이스 커트로 질감 처리

perm

(No perm) 디지털 펌으로 웨이브 가능

color

네이프 부분을 34 탈색 후 에쉬컬러 그라데이션으로 염색한 일본 헤어 컬러 스타일

HAIR STYLING

· 산성 샴푸로 샴푸 후에 드라이어로 전체적으로 털 듯 자연스럽게 말리고
· 두피 쪽은 들어서 드라이하면서 볼륨감을 살려준 후
· 평판 아이롱를 이용하여 윗머리를 깔끔하게 펴 줍니다.
· 헤어 에센스를 손바닥 위에 적당량 덜어서
· 바깥 부분과 끝 부분을 중심으로 좌우로 털 듯이 도포합니다.

STYLE TIP

cut
원렝스의 무게감이 있는 컷으로 약간의 층을 내고 앞머리에 뱅을 만들어 큐트한 이미지도 느껴지는 커트 스타일

perm
볼륨매직으로 뿌리부분을 차분하게 펴 주고 아래는 디지털 펌으로 자연스럽게 웨이브를 연출

color
뉴트럴 브라운으로 자연스럽고 따듯한 이미지의 컬러 스타일

HAIR STYLING

· 파마 후에는 모발 건강을 위하여 가능한 산성 샴푸로 샴푸를 하고 두피부터 말리면서 볼륨감을 살려주고 앞머리는 롤 브러쉬를 이용하여 앞쪽 방향으로 말아준다. 모발의 겉머리는 깔끔하게 정리될 수 있도록 가볍게 빗듯이 드라이하고 모발 끝 굵은 웨이브 부분은 두 갈래로 나누어 손가락으로 가볍게 말아 손바닥 위에 올려서 찬바람으로 말린 후에 무스타입의 왁스로 살짝 쥐듯이 도포한다.

STYLE TIP

cut
무게감을 줄여 가볍고 내츄럴한 자연스러운 컬을 연출을 위해 전체적으로 층을 내어 가볍게 질감처리 한 스타일

perm
턱선 밑으로 자연스러운 웨이브 스타일로 자연스러운 컬 연출과 컬의 늘어짐 그리고 유지력을 위해 오랫동안 웨이브를 유지할 수 있는 디지털 펌으로 시술

color
(No color)

HAIR STYLING

· 파마 후에는 모발 건강을 위하여 가능한 산성 샴푸로 샴푸를 하고 두피부터 말리면서 두피에 수분이 남지 않도록 드라이한 후 모발의 겉머리는 깔끔하게 정리될 수 있도록 평판 아이롱으로 가볍게 드라이하고 모발 끝 웨이브 부분은 손가락으로 가볍게 말아서 손바닥 위에 올려서 찬바람으로 말린 후에 크림 타입의 헤어 에센스로 털듯이 도포한다.

STYLE TIP

cut

전체적으로 무게감을 유지한 히메 커트

perm

부시시하고 내츄럴한 굵은 느낌의 C컬 내츄럴 웨이브 헤어스타일

color

이국적인 분위기의 그라데이션 투톤 호일워크

HAIR STYLING

- 샴푸 후 (산성샴푸) 전체적으로 자연스럽게 말리고
- 두피쪽을 들어서 드라이하면서 볼륨감을 살려준 후
- C컬 부분은 손가락으로 돌돌 말아서 찬바람으로 드라이 합니다.
- 소프트 왁스를 손바닥 위에 적당량 덜어서
- 바깥부분을 중심으로 좌우로 털듯이 왁스를 도포합니다.

• 디지털펌믹스웨이브

STYLE TIP

cut

전체적으로 풍성한 볼륨감과 부시시함을 줄 수 있도록 로우레이어 컷으로 디자인

perm

획일적이지 않도록 디지털펌으로 웨이브를 믹스하여 클래식하고 우아함을 강조

color

야외 햇살이나 밝은 조명에서도 자연스러운 컬러감을 느낄 수 있는 매트애쉬로 스타일과 이미지에 부드러움을 부가

HAIR STYLING

· 모발 건강을 위하여 산성 샴푸로 샴푸 후에 우선 두피부터 말리면서볼륨감을 살려주고 양 가르마를 나뉜 뒤에 웨이브 부분은 구기듯이 손바닥에 올리고 쥐면서 위로 올리는 듯한 느낌으로 찬바람을 이용하여 드라이한 후 무스 타입의 왁스를 손바닥에 충분히 덜어 마찬가지로 웨이브 부분을 살짝 쥐어 올리는 듯한 방법으로 도포한다.

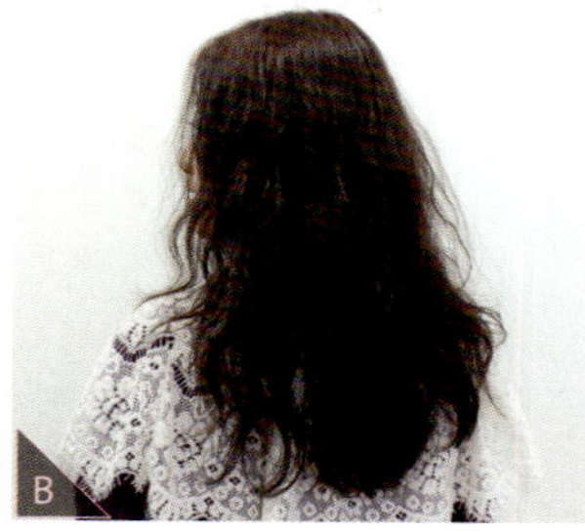

디지털펌C컬 웨이브 볼륨매직 믹스 펌

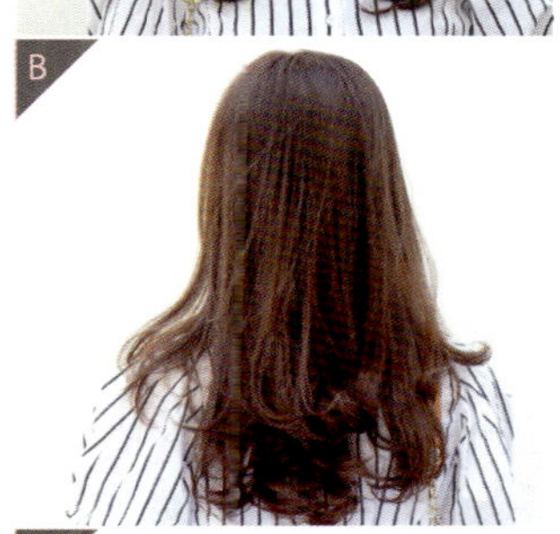

STYLE TIP

cut

너무 가볍지 않은 로우레이어 커트와 슬라이스 질감 커트

perm

윗쪽은 볼륨매직과 아래는 C컬 디지털 파마로 자연스러운 믹스 파마

color

베이지 헤어컬러스타일을 그라데이션 기법으로하여 자연스럽고 화사한 컬러감

HAIR STYLING

· 산성 샴푸를 이용하여 샴푸 후에 헤어드라이어로 전체적으로 자연스럽게 말리고
· 두피 쪽을 들어서 드라이하면서 볼륨감을 살려준 후
· 평판 아이롱를 이용하여 윗머리를 깔끔하게 펴 줍니다.
· 소프트 왁스를 손바닥 위에 적당량 덜어서
· 바깥 부분을 중심으로 좌우로 털듯이 왁스를 도포합니다.

STYLE TIP

cut

부드러움과 볼륨지수를 높일 수 있도록 아웃라인은 그라데이션으로 무게감을 보존한 상태에서 얼굴주위 급격한 단차를 줌으로인해 얻어지는 볼륨감으로 얼굴분위기를 부드럽게 연출

perm

사이드의 루즈한 S컬과 백부분의 C컬이 믹스된 내츄럴함이 느껴지는 c, s웨이브 시술

color

이번 겨울에 주목받을 또 하나의 컬러 카멜브라운으로 시술

HAIR STYLING

- 전체적으로 모발을 살짝 들고 두피부터 말리면서 자연스럽게 볼륨감을 만들어 준다.
- 롤 브러시로 윗쪽 머리를 깔끔하게 정리하면서 드라이한다.
- 웨이브 부분은 손가락으로 돌돌 말아서 손바닥 위에 올리고 찬바람으로 말린다.
- 웨이브를 모아서 오일 에센스를 도포하고 펼치면서 정리한다.

• 레이어 디지털 펌 라이트 컬러

STYLE TIP

cut

전체적으로 가벼운 느낌의 롱레이어 커트

perm

디지털 파마로 S컬의 자연스럽고 볼륨감 있는 러블리 펌 웨이브

color

화사하고 은은한 컬러감의 라이트 베이지 컬러

HAIR STYLING

- 샴푸 후(산성샴푸) 전체적으로 자연스럽게 말리고
- 두피 쪽을 들어서 드라이하면서 볼륨감을 살려준 후
- 롤 브러쉬를 이용하여 겉머리를 깔끔하게 펴 줍니다.
- S컬 부분은 손가락으로 돌돌 말아서 찬바람으로 드라이 합니다.
- 소프트 왁스를 손바닥 위에 적당량 덜어서
- 바깥 부분을 중심으로 좌우로 털듯이 왁스를 도포합니다.

레드 브라운 내츄럴 웨이브 디지털 펌

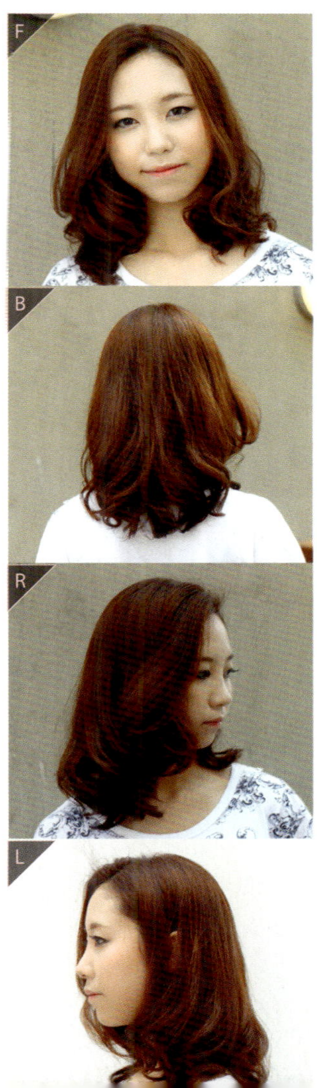

STYLE TIP

cut

차분한 느낌의 무게감 있는 레이어 커트

perm

선명하고 풍성한 웨이브의 디지털 파마 (필요에 따라서 볼륨매직과 디지털파마 시술)

color

은은한 컬러감의 자엽스러운 내츄럴 브라운 컬러

HAIR STYLING

- 샴푸 후 (산성샴푸) 전체적으로 자연스럽게 말리고
- 두피 쪽을 들어서 드라이하면서 볼륨감을 살려준 후
- 모발의 끝의 웨이브는 손가락으로 살살 돌려 손바닥에 올린 후
- 찬바람으로 드라이를 하면 더욱 선명하고 강한 컬감을 만들 수 있습니다.
- 필요에 따라 앞머리는 미니 아이롱으로 살짝 방향감을 만들어 주세요
- 소프트 왁스를 손바닥 위에 적당량 덜어서
- 바깥 부분을 중심으로 살짝 구기듯 왁스를 도포합니다.

• 레이어 커트 멜티초콜릿브라운

STYLE TIP

cut

화려하면서도 럭셔리한 느낌을 주는 U라인 레이어 커트와 풀뱅의 큐프한 앞머리의 헤어스타일

perm

(No perm) 헤어스타일을 위하여 원형 마샬 컬링 아이롱으로 웨이브 연출 헤어스타일

color

럭셔리하고 고급스러운 멜티 초콜렛 브라운 컬러와 호일워크 컬러기법의 헤어스타일

HAIR STYLING

- 샴푸 후 드라이어를 이용하여 충분히 말리고
- 모발 전체를 수직 4등분 해서 원형 컬링 아이롱으로
- 수직으로 세워 볼 높이에서 부터 굵은 웨이브를
- 만들어주면 럭셔리하고 공부풍의 스타일링을 연출을 할 수 있습니다.

STYLE TIP

cut

너무 가볍지 않은 샤기 느낌의 샤프한 레이어 컷으로 얼굴을 살짝 감싸게 한 헤어스타일

perm

(No perm) 원형 마샬 아이롱으로 스타일링

color

화사하고 소프트한 컬러감의 라이트 브라운 컬러 헤어스타일

HAIR STYLING

원형 마샬아이롱을 이용하여 앞쪽 방향으로 컬을 만들어 줍니다.
중간 정도의 헤어왁스를 준비하여
(사용제품 : 밀본 프레쥼 5번 왁스)
웨이브쪽을 중심으로 살짝 구기듯
왁스를 도포하고
왁스 스프레이를 약 20cm 정도 떨어뜨려 분사하고 자연스럽게 고정합니다.

STYLE TIP

cut

샤프한 이미지의 롱레이어 커트

perm

관리가 비교적 간편한 자연스러운 볼륨매직과 디지털 파마

color

에쉬브라운 컬러를 베이스로 한 헤어컬러

HAIR STYLING

· 샴푸 후에 드라이어로 전체적으로 털 듯 자연스럽게 말리고
· 두피쪽은 들어서 드라이하면서 볼륨감을 살려준 후
· 손가락 사이로 바람으로 말줍니다.
· 자연스럽게 손가락으로 돌돌 말아서 찬 바람으로 말린 후
· 헤어 에센스나 소프트 왁스, 또는 무스를 이용해서 구기듯 스타일을 완성 합니다.

• 샤인 웨이브

Before

After

STYLE TIP

cut

무게감 있는 로우 레이어 커트와 슬라이스 커트 믹스

perm

전체적으로 윤기감을 느낄 수 있는 볼륨매

color

차분한 이미지의 중명도 매트 브라운 헤어 컬

HAIR STYLING

· 가볍게 털 듯이 두피부터 말리면서 모발이 쳐지지 않게 드라이하고

· 롤 브러시로 윗쪽 머리를 C컬을 그리면서 깔끔하게 정리하면서 드라이한다.

· 웨이브 부분은 손가락으로 돌돌 말아서 손바닥 위에 올리고 찬바람으로 말린다.

· 웨이브를 목 안쪽으로 향하게 하고 오일 에센스로 웨이브 부분을 정리하듯 가볍게 도포한다.

STYLE TIP

cut

너무 무겁지 않게 레이어 커트

perm

(No perm) 아이롱으로 탱글한 웨이브 연출/ 필요에 따라 볼륨매직

color

블랙헤어컬러를 베이스로 해서 모발끝으로 밝아지면서 실버 컬러가 보이는 그라데이션 컬러 투톤 컬러

HAIR STYLING

- 샴푸 후에 드라이어로 전체적으로 털 듯 자연스럽게 말리고
- 두피 쪽은 들어서 드라이하면서 볼륨감을 살려준 후
- 손가락 사이로 바람으로 드라이합니다.
- 모발의 끝 부분은 바깥쪽으로 살짝 삐치도록 방향감을 주고
- 헤어 에센스나 소프트 왁스를 이용해서 자연스럽게 스타일을 완성 합니다.

• 레이어 실버 에쉬 투톤 컬러 헤어스타일

레이어 레쟈커트 내츄럴 웨이브 디지털 펌

STYLE TIP

cut

레쟈를 이용한 운동감과 무게감있는 레이어 커트

perm

유지 기간이 길고 관리가 비교적 간편한 디지털 펌으로 자연스러운 웨이브

color

자연스러운 브라운 계열의 헤어컬러

HAIR STYLING

- 파마 후에는 모발 건강을 위하여 가능한 산성 샴푸로 샴푸를 하고 윗머리는 털듯이 가볍게 두피부터 드라이 한 후 모발의 겉머리는 깔끔하게 정리될 수 있도록 평판 아이롱으로 살짝 드라이하고 모발 끝 웨이브 부분은 손가락으로 가볍게 말아서 손바닥 위에 올려서 찬 바람으로 말린 후에 크림 타입의 헤어 에센스로 털듯이 도포한다.

• 보헤미안 내츄럴 디지털 펌 웨이브

STYLE TIP

cut

너무 무겁지 않은 레이어 커트

perm

부시시한 느낌으로 관리와 스타일링이 비교적 간편한 디지털 펌

color

차분한 자연스러운 내츄럴 브라운 헤어컬러

HAIR STYLING

- 샴푸 후에 드라이어로 전체적으로 털 듯 자연스럽게 말리고
- 두피 쪽은 들어서 드라이하면서 볼륨감을 살려준 후
- 손가락 사이로 바람으로 말줍니다.
- 웨이브 부분은 손으로 살짝 쥐듯 말려준 후 털 듯 풀어주고
- 헤어 에센스나 소프트 왁스, 또는 무스를 이용해서 구기듯 스타일을 완성 합니다.

STYLE TIP

cut

남자들의 로망 생머리 스타일. 무게감과 함께 차분함이 느껴질 수 있는 커트선과 이마를 살짝 내 보이는 앞머리로 청순한 이미지를 연출

perm

깔끔함을 강조하기 위한 매직 스트레이트

color

은은한 컬러감이 느껴지는 체스넛 브라운 컬러의 하이라이트로 입체감과 긴 생머리의 움직임에 따라 반사빛이 다르게 보이는 컬러링

HAIR STYLING

· 전체적으로 모발을 살짝 들고 두피부터 말리면서 볼륨감을 만들어 준다. 차분한 느낌으로 크림 타입의 에센스로 모발의 끝부분 위주로 도포하고 정리하듯 앞쪽으로 향하게 마무리한다.

STYLE TIP

cut

너무 가볍지 않은 무게감있는 레이어 커트

perm

아이롱으로 연출하였으나 간편한 손질을 위하여 위에는 볼륨매직을 추천

color

전체적으로 밝은 느낌의 라이트 브라운 컬러로 베이스를 하고 호일워크를 이용하여 하이라이트를 넣어 입체감이 느껴지는 헤어컬러

HAIR STYLING

· 컬러 후에는 컬러의 색감을 유지할 수 있도록 가능한 산성 샴푸를 사용하고 두피부터 말리면서 두피에 수분이 남지 않도록 드라이 한 후 모발의 겉머리는 깔끔하게 정리될 수 있도록 평판 아이롱으로 가볍게 드라이한 다음 원형 아이롱을 세로로 해서 턱 선 높이에서부터 웨이브를 만들어 주고 크림 타입의 헤어 에센스로 털듯이 도포한다.

• 스타일리쉬 디지털 펌

STYLE TIP

cut

너무 무겁지않고 차분한 미디움 그라데이션 커트

perm

선명한 웨이브와 유지기간이 비교적 긴 디지털 펌 웨이브 헤어스타일

color

매트 브라운 컬러와 하이라이트의 호일워크 기법

HAIR STYLING

· 위 부분의 모발은 살짝 들고 두피부터 말리면서 볼륨감을 만들어 주고

· 손가락을 이용하여 자연스럽게 정리하듯 드라이 하면서

· 웨이브 부분은 손가락으로 살짝 돌려 주면서 찬바람으로 말립니다.

· 소프트 왁스를 소량 덜어서 가볍게 쥐듯이 도포한다.

STYLE TIP

cut

너무 무겁지 않은 레쟈를 이용한 레이어 커트

perm

유지 기간이 길고 관리가 비교적 간편한 디지털 펌과 볼륨매직의 믹스 펌

color

자연스러운 브라운 계열의 헤어컬러

HAIR STYLING

· 파마 후에는 모발 손상 방지를 위하여 가능한 산성 샴푸를 사용하고 두피부터 말리면서 자연스럽게 볼륨감을 만들어 준 후 모발의 겉머리는 부스스한 느낌으로 털듯이 드라이한 다음 웨이브 부분은 손바닥에 올려서 쥐듯 위로 올리는 듯한 느낌으로 찬바람을 이용하여 드라이한 후 무스 타입의 왁스를 손바닥에 충분히 덜어 살짝 쥐어 올리는 듯한 방법으로 도포한다.

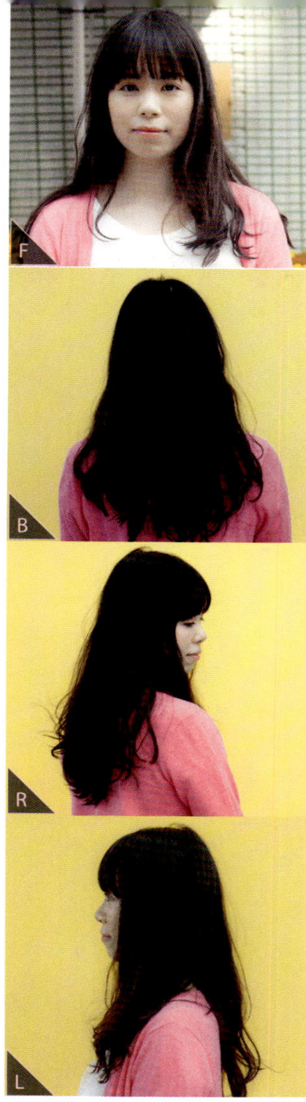

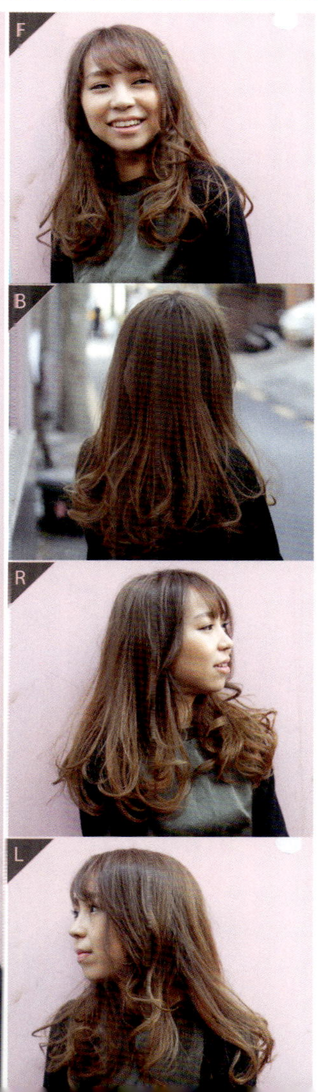

STYLE TIP

cut

너무 무겁지 않은 레이어 커트

perm

아이롱으로 스타일링 (디지털 펌으로도 가능)

color

이국적인 느낌의 매트 에쉬브라운 헤어컬러

HAIR STYLING

· 컬러 후에는 컬러의 색감을 유지할 수 있도록 가능한 산성 샴푸를 사용하고 두피부터 말리면서 볼륨감을 만들어 준 후 모발의 겉머리는 부스스한 느낌으로 털듯이 드라이한 다음 아이롱을 세로로 해서 턱 선 높이에서부터 큰 웨이브를 만들어 주고 소프트 왁스로 살짝 쥐듯이 도포하면서 부스스한 느낌을 연출한다.

·러블리 웨이브 매트에슈

STYLE TIP

cut

얼굴을 작아 보이게하는 레이어 커트와 얼굴선을 따라 연결된 깔끔한 커트

perm

마샬 컬링 아이롱으로 스타일 연출을 했으나 모질에 따라 디지털 펌으로도 충분히 시술이 가능

color

은은하고 반사빛이 이쁜 매트에쉬 브라운 컬러 디자인

HAIR STYLING

· 헤어드라이어를 이용하여 80%이상 충분히 말린 후 우선 윗머리는 평판 아이롱을 이용하여 펴 주고 턱선 정도 길이에서 마샬 컬링 아이롱을 이용하여 세워서 말아주면 러블리한 웨이브를 연출할 수 있습니다.

STYLE TIP

cut

전체적으로 약간의 가벼운 변화를 줄 수 있을 정도의 레이어 커트와 슬라이싱 커트로 질감 처리

perm

자연스러운 굵은 디지털 파마로 윤기 있고 내츄럴한 스타일을 연출

color

모발 끝에 15 레벨 정도의 하이 라이트와 베이스는 10 레벨 정도의 스위트 브라운 컬러 투톤 컬러 연출

HAIR STYLING

· 헤어 에센스(세럼)를 준비하여
· 손바닥에 소량 덜어 펼치고
· 웨이브 부분을 구기듯 도포한 후
· 다시 손가락으로 자연스럽게 정리해줍니다.

STYLE TIP

cut

층이 거의 없는 무게감 있는 레이어 커트로 차분한 느낌을 연출

perm

굵고 자연스러운 웨이브 파마로 강하지 않으면서도 자연스러운 분위기의 웨이브

color

쿨한 느낌의 내츄럴 블랙 컬러

HAIR STYLING

· 전체적으로 모발은 살짝 들고 두피부터 말리면서 볼륨감을 만들어 준다.
· 롤 브러시로 위쪽 머리를 깔끔하게 정리하면서 드라이한다.
· 웨이브 부분은 살짝 말아서 손바닥 위에 올리고 찬바람으로 드라이한다.
· 소프트 왁스나 헤어 에센스로 웨이브 부분을 구기듯 가볍게 도포한다.

• 레이어 그라데이션 빌브컬러

STYLE TIP

cut

너무 가볍지 않도록 조절한 레이어 컷 여자 헤어스타일

perm

(No perm) 자연스러운 C컬과 S컬를 아이롱으로 연출한 아이웨이브 여자 헤어스타일

color

메트 브라운 컬러를 베이스로하여 아랫쪽으로는 밝은 브라운 컬러의 트렌디한 그라데이션 컬러 여자 헤어스타일

HAIR STYLING

· 샴푸 후 (산성샴푸) 전체적으로 자연스럽게 말리고
· 그루프를 이용하여 앞머리를 살짝 말아 준 후
· 원형 아이롱을 이용하여 턱 아랫쪽으로 앞쪽 뒷쪽 방향으로 컬을 만들어 줍니다.
· 소프트 왁스를 손바닥 위에 적당량 덜어서
· 웨이브 부분을 중심으로 아래에서 윗쪽으로 가볍게 쥐듯 왁스를 도포합니다.

STYLE TIP

cut

차분한 느낌의 가벼운 레이어 커트 여자 헤어스타일

perm

(No perm) 아이롱연출. 필요에 따라서 볼륨매직과 디지털파마로 시술

color

화사하고 은은한 컬러감의 에쉬 핑크브라운 컬러

HAIR STYLING

· 샴푸 후 산성샴푸) 전체적으로 자연스럽게 말리고
· 두피쪽을 들어서 드라이하면서 볼륨감을 살려준 후
· 롤 브러쉬를 이용하여 겉머리를 깔끔하게 펴 줍니다.
· 32mm 미리 원형 아이롱으로 세워서 S컬을 말아 주세요
· 소프트 왁스를 손바닥 위에 적당량 덜어서
· 바깥부분을 중심으로 좌우로 털듯이 왁스를 도포합니다.

STYLE TIP

cut

스퀘어 레이어 커트로 가볍고 운동감 있는 디자인

perm

필요에 따라서 디지털 펌으로 디자인

color

은은한 윤기감이 느껴지는 헬시 브라운 컬러와 그라데이션 컬러

HAIR STYLING

· 컬러 후에는 색감의 유지와 모발 건강을 위하여 산성 샴푸를 이용하는 것이 좋다. 우선 두피부터 말리면서 볼륨감을 살려주고 가르마를 나뉜 뒤에 웨이브 부분은 손가락으로 돌돌 말아서 손바닥에 올려서 찬바람으로 드라이한 후무스 타입의 왁스를 손바닥에 충분히 덜어 웨이브 부분을 살짝 쥐어올리는 듯한방법으로 도포한다.

레이어 커트 내츄럴 웨이브

After

F B
R L

STYLE TIP

cut

너무 가볍지 않은 클래식한 레이어 컷 여자 헤어스타일

perm

풀린 듯 내츄럴한 웨이브의 여자 헤어 스타일

color

차분한 다크 브라운 컬러

HAIR STYLING

· 일반적인 레이어 컷 스타일에서 파마를 한 경우에는 손으로 안쪽으로 살짝 방향감을 만들고 헤어드라이어를 이용하여 따뜻한 바람으로 헨드 드라이를 하고 난 후 찬바람으로 냉각 시켜주면 더욱 자연스러운 웨이브를 연출 할 수 있습니다.

STYLE TIP

cut

너무 무겁지 않은 로우 레이어 커트

perm

질감이 느껴지는 텍스쳐파마을 디지털 파마로 디자인

color

동양인에게 잘 어울리는 쿠퍼 브라운 헤어컬러

HAIR STYLING

· 파마 후에는 모발 손상 방지를 위하여 가능한 산성 샴푸를 사용하고 두피부터 말리면서 자연스럽게 볼륨감을 만들어 준 후 모발의 겉머리는 부스스한 느낌으로 털듯이 드라이한 다음 웨이브 부분은 손가락으로 살짝 말아서 손바닥에 올려 쥐면서 위로 올리는 듯한 느낌으로 찬바람을 이용하여 드라이한 후 무스 타입의 왁스를 손바닥에 충분히 덜어 마찬가지로 살짝 쥐어 올리는 듯한 방법으로 도포한다.

STYLE TIP

cut

층을 줄이고 슬라이싱 기법으로 입체적인 다발감과 자연스러운 공기감을 디자인

perm

공기감을 충분히 살릴 수 있도록 조금은 부스스하게 텍스처 느낌으로 디자인

color

은은한 반사 빛이 이쁜 레드 오렌지 브라운 컬러로 화사하면서도 성숙한 느낌을 연출

HAIR STYLING

· 윗 머리에 그루브를 23개 정도 말아서
· 헤어드라이어의 약한 바람으로 말려주고
· 웨이브 부분은 찬 바람으로 구기듯 드라이 한 후
· 무스 왁스로 텍스처 질감을 살리면서 구기듯 도포한다.

레이어 내츄럴웨이

STYLE TIP

cut

전체적으로 약간의 층을 내어 커트 한 후에 무거워보이지 않게 하기위해 얼굴라인에 층을 만든 디자인

perm

무게감있는 커트로 라인을 설정한 뒤 느슨한 큰 컬로 내츄럴하게 디지털펌을 하고 무게감안에 가벼움이 나오는 것처럼 연출

color

애쉬,매트계열을 믹스하여 안정감과 부드러움을 주었고 포인트로 얼굴 주위에는 얇게 포인트로 호일워크 작업을 하여 율동감을 주었다.

HAIR STYLING

· 컬러의 색감을 유지할 수 있도록 가능한 산성 샴푸를 사용하는 것이 좋다. 두피부터 말리면서 볼륨감을 만들어 준 후 가르마는 귀엽게 지그재그로 나누어주고 C컬 부분은 뒤에서 앞쪽 방향으로 손으로 방향감을 주면서 드라이를 하고 크림 타입의 헤어 에센스로 가볍게 털듯이 도포한다.

STYLE TIP

cut

레이어로 전체적으로 모발끝이 무겁지않은 커트와 얼굴을 살짝 감싸는 라인 커트

perm

디지털 펌으로 가벼울 수 있는 모발 끝을 풍성한 컬감 연출

color

다소 무게감이 느껴질 수 있는 부분을 엘로우 매트 계열로 명도를 높혀 약간에 가벼움을 주고 패미닌한 컬러 연출

HAIR STYLING

· 파마 후에는 모발 손상 방지를 위하여 가능한 산성 샴푸를 사용하고 두피부터 말리면서 자연스럽게 볼륨감을 만들어 준 후 웨이브 부분은 손가락으로 살짝 말아서 손바닥에 올려 찬바람으로 드라이한 후 무스 타입의 왁스를 손바닥에 충분히 덜어 살짝 쥐어 올리는 듯한 방법으로 도포한다.

STYLE TIP

cut

여성스러움과 큐트한 느낌을 연출 할 수 있도록 전체적으로 너무 가볍지 않은 레이어 커트

perm

내츄럴하고 사랑스러운 느낌을 살린 굵은 웨이브 연출

color

비비드한 컬러감의 메니큐어 레드 컬러

HAIR STYLING

· 컬러 후에는 컬러의 색감을 오래 유지할 수 있도록 가능한 산성 샴푸를 사용하여 샴푸를 하고 두피부터 말리면서 볼륨감을 만들어 준 후 가볍게 털듯이 드라이 한 후 C컬 부분은 뒤에서 앞쪽 방향으로 손으로 방향감을 주면서 드라이한 다음 유분 타입의 헤어 에센스로 가볍게 안쪽 방향으로 정리하듯이 도포한다.

• 로멘틱웨이브

STYLE TIP

cut

그라데이션 LOW 레이어로 무거울 수 있는 느낌을 줄이고 모발 끝의 느낌을 살린 커트 디자인

perm

TOP 라인에 볼륨매직과 언더라인에 C컬 느낌의 컬감으로 외각 디자인이 A라인의 안정된 느낌을 주는 웨이브

color

매트애쉬 베이지 컬러로 부드럽고 세련된 이미지의 컬러

HAIR STYLING

- 두피부터 말리면서 자연스럽게 볼륨감을 만들어 준 후 모발의 겉머리는 부스스한 느낌으로 털듯이 드라이한 다음 웨이브 부분은 손가락으로 말아 손바닥에 올려 쥐면서 위로 올리는 듯한 느낌으로 찬바람을 이용하여 드라이한 후 무스 타입의 왁스를 손바닥에 충분히 덜어 마찬가지로 살짝 쥐어 올리는 듯한 방법으로 도포한다.

• 내츄럴 포워드 웨이브

STYLE TIP

cut

너무 딱딱하지 않도록 무게감을 줄이면서 가볍게 질감처리하여 모발끝에 움직임이 자연스럽고 부드러운 인상을 주는 커트 디자인

perm

앞쪽으로 흐르는 자연스럽고 매끈한 컬감이 포인트인 굵은 웨이브의 큰 파도같은 느낌으로 여성적인 이미지를 살린 웨이브 디자인

color

너무 튀지 않으면서도 소프트한 이미지를 줄 수 있는 애쉬계열의 컬러와 함께 보는 시각에 따라 입체감이 느껴지는 리빙 컬러

HAIR STYLING

· 파마 후에는 모발 손상 방지를 위하여 가능한 산성 샴푸를 사용하고 두피부터 말리면서 쳐져 보이지 않게 자연스럽게 볼륨감을 만들어 준 후 모발의 겉머리는 깔끔하게 손가락 전체로 빗 듯이 드라이한 다음 웨이브 부분은 손가락으로 돌돌 말아서 찬바람을 이용하여 드라이한 후 소프트 왁스를 손바닥에 충분히 덜어 살짝 쥐어 올리는 듯한 방법으로 도포한다.

• 퓨어 웨이브스타일

STYLE TIP

cut

원랭스 베이스 라인에 그라데이션 커트와 로우 레이어 커트를 믹스

perm

자연스럽고 윤기와 탄력을 동시에 살린 디지털 파마

color

11톤의 베이지 브라운 컬러로 윤기 있고 화사한 이미지의 헤어 컬러

HAIR STYLING

· 샴푸 후 두피 쪽 모발은 따뜻한 바람으로 러프하게 드라이한다.
· 차가운 바람으로 양 갈래로 나눠 얼굴 안쪽으로 돌돌 말아가면서 드라이한다.
· 앞머리는 가르마 반대 방향으로 말려준 다음 디자인을 잡으면서 원래 가르마 방향대로 넘겨준다.
· 촉촉함과 산뜻함을 주는 헤어 트리트먼트용 에센스를 모발 끝 쪽으로 주무르듯이 발라준다.

• 레이어c, s컬

STYLE TIP

cut

너무 가볍지 않은 샤프한 레이어

perm

부시시 풀린듯 바람에 자연스럽게 날리는 굵은 웨이브

color

베이지 빛에 가까운 소프트한 라이트 브라운 컬러

HAIR STYLING

- 위 부분의 모발은 살짝 들고 두피부터 말리면서 볼륨감을 만들어 준다.
- 앞머리는 자연스럽게 롤 브러시로 방향감을 만들고
- 컬 부분은 손바닥 위에 말아 올리고 찬바람으로 드라이한다.
- 소프트 왁스나 헤어 에센스로 가볍게 도포하고 마무리한다.

STYLE TIP

cut

화사한 계절에 잘 어울리도록 가벼운 느낌의 로우 레이어 커트와 랜덤식 질감처리

perm

깔끔한 샤인 웨이브를 위하여 굵고 내츄럴한 컬과 자연스러운 볼륨감, 자연스럽게 떨어지는 라인의 디자인 펌

color

햇살에 은은하게 반사되는 소프트 컬러를 위하여 다크 옐로우 메트 컬러 디자인

HAIR STYLING

- 전체적으로 모발은 살짝 들고 두피부터 말리면서 볼륨감을 만들어 준다.
- 롤 브러시로 윗쪽 머리를 깔끔하게 정리하면서 드라이한다.
- 컬 부분은 돌돌 말아 손바닥 위에 올리고 찬바람으로 말린다.
- 에센스로 웨이브 부분을 정리하듯 가볍게 도포한다.

STYLE TIP

cut

개성있는 모드한 비대칭 어시메트릭 보브 커트

perm

(No perm)

color

젊은 감각의 개성있는 에쉬 브라운 컬러

HAIR STYLING

- 위 부분의 모발은 살짝 들고 두피부터 말리면서 볼륨감을 만들어 주고
- 손가락을 이용하여 자연스럽게 정리하듯 드라이 한 후
- 소프트 왁스를 소량 덜어서 가볍게 털듯이 도포한다.

• 원렝스 레이어 커트

STYLE TIP

cut

무게감이 있는 원래스 U 라인 레이어 커트

perm

(No perm)

color

차분한 낌의 다크 브라운 컬러

HAIR STYLING

· 컬러 후에는 컬러의 색감을 유지할 수 있도록 가능한 산성 샴푸를 사용하고 두피부터 말리면서 두피에 수분이 남지 않도록 드라이 한 후 모발의 겉머리는 깔끔하게 정리될 수 있도록 평판 아이롱으로 가볍게 드라이한 다음 모발의 끝부분은 안쪽으로 1바퀴 정도 회전시키면서 C컬을 만들고 크림 타입의 헤어 에센스로 가볍게 도포하고 정리한다.

STYLE TIP

cut

너무 가볍지 않은 샤프한 레이어 헤어스타일

perm

가볍고 굵은 웨이브로 샤프한 이미지를 주는 디지털 파마 헤어스타일

color

비비드하고 자연스런 느낌의 레드 브라운 컬러

HAIR STYLING

- 정수리 부분의 모발은 살짝 들고 두피부터 말리면서 볼륨감을 만들어 준다.
- 앞머리는 자연스럽게 롤 브러시로 방향감을 만들고
- 컬 부분은 돌돌 말아서 찬바람으로 말려 주고
- 소프트 왁스나 헤어 에센스로 가볍게 도포하고 마무리한다.

• 레드 브라운

러블리 텍스쳐 디지털

STYLE TIP

cut

일자에 가까운 라운드 뱅의 앞머리로 큐트한 이미지를 주면서 너무 가볍지 않은 레이어로 무게감을 준 커트 디자인

perm

부시시 하면서도 컬감이 살아있는 디지털 펌으로 유지기간이 길면서도 관리가 편한 것이 가장 큰 장점의 스타일

color

부시시한 컬에 어울리는 차분함을 줄 수 있는 다크브라운계열의 컬러 디자인

HAIR STYLING

- 파마 후에는 모발 손상 방지를 위하여 가능한 산성 샴푸를 사용하고 두피부터 말리면서 자연스럽게 볼륨감을 만들어 준 후 모발의 겉머리는 부스스한 느낌으로 털듯이 드라이한 다음 웨이브 부분은 가볍게 쥐면서 위로 올리는 듯한 느낌으로 찬바람을 이용하여 드라이한 후 소프트 타입의 왁스를 손바닥에 충분히 덜어 마찬가지로 살짝 쥐어 올리는 듯한 방법으로 도포한다.

퓨어 로우 레이어 하이라이트

STYLE TIP

cut

차분하고 자연스러운 무게감이 느껴지는 로우 레이어 커트 헤어스타일

perm

(No perm) 아이롱으로 스트레이트에 가까운 웨이브 연출

color

윤기가 느껴지는 바이올렛 컬러와 하이라이트가 믹스되어 입체감 있는 헤어스타일

HAIR STYLING

· 밋밋한 스트레이트가 지겹거나 무언가 여성적인 분위기로 바꾸고 싶을 경우 원형의 컬링 아이롱으로 귀 높이에서 사선으로 굵게 잡고 자연스럽게 아래로 살짝 미끄러지듯 내려주면 자연스럽고 부드러운 이미지의 웨이브를 연출 할 수 있습니다.

STYLE TIP

cut

너무 무겁거나 가볍지 않은 레이어로 디자인되어 관리가 비교적 간편한 커트

perm

윗 머리는 자연스러운 볼륨감, 모발의 끝부분에는 내츄럴한 웨이브로 깔끔하면서도 차분한 이미지의 펌 디자인

color

젊은 감각의 은은한 오랜지 컬러로 단순함을 피한 컬러

HAIR STYLING

· 산성 샴푸를 사용하여 샴푸를 하고 두피부터 말리면서 자연스럽게 볼륨감을 만들어 준 후 모발의 겉머리는 자연스럽게 넘어갈 수 있도록 털듯이 드라이한 다음 웨이브 부분은 손가락으로 말아 손바닥에 올려서 찬바람을 이용하여 드라이한 후 무스 타입의 왁스를 손바닥에 충분히 덜어 마찬가지로 살짝 쥐어 올리는 듯한 방법으로 도포한다.

STYLE TIP

cut

너무 무겁지 않은 자연스러운 레이어 커트

perm

오랫동안 스타일을 즐길 수 있는 디지털 펌을 이용한 자연스러운 C컬 웨이브

color

비비드한 컬러감의 레브드라운 컬러와 입체감이 느껴지는 호일워크

HAIR STYLING

· 조금 더 강한 컬을 원하는 경우에는 원형 마샬 아이롱을 이용하여 볼 높이에서 바깥쪽으로 살짝 감아 웨이브를 만들어 주면 엘레강스한 웨이브를 연출 할 수 있습니다.

• 세미레이어

Before

After

STYLE TIP

cut

너무 가볍지 않은 샤기 느낌의 샤프한 레이어 커트으로 여성스러운 헤어스타일

perm

(No perm) 원형 마샬 아이롱으로 스타일링

color

화사하면서도 소프트한 분위기의 베이지 브라운 컬러 헤어스타일

HAIR STYLING

- 정수리 부분의 모발은 살짝 들고 두피부터 말리면서 볼륨감을 만들어 준다.
- 앞머리는 살짝 롤 브러시로 방향감을 만들고
- 원형 아이롱으로 얼굴 주변의 레이어 층에 살짝 컬을 주고
- 헤어 에센스로 가볍게 도포하고 마무리한다.

STYLE TIP

cut

전체적으로 레이어의 샤프한 이미지에서 A라인으로 만들어진 커트 헤어스타일

perm

비교적 유지기간이 길고 관리가 간편한 디지털 펌 웨이브 헤어스타일

color

컬러감의 거부감이 적으면서 따뜻한 이미지의 올리브 베이지 컬러 헤어스타일

HAIR STYLING

샴푸 후 전체적으로 드라이어로 충분히 말린 후 웨이브 부분을 손가락으로 돌돌 말아 손바닥에 올려두고 헤어드라이어의 찬 바람으로 말려주시면 컬감이 더욱 살아나고 오랫동안 스타일을 유지할 수 있습니다.

STYLE TIP

cut

차분한 느낌을 주면서 부시시한 웨이브의 느낌을 살릴 수 있는 레이어 컷 스타일로 앞머리는 얼굴정도의 기장으로 하고 가름마를 만들어 스타일을 연출

perm

부시시한 느낌만을 위하여 매우 가볍고 내츄럴한 웨이브로 디자인

color

초콜렛 브라운 컬러로 베이스를 만드고 브라운 컬러로 전체적인 컬러를 연출하여 두가지의 컬러로 입체감이 느껴지는 스타일

HAIR STYLING

우선 두피부터 말리면서 볼륨감을 살려주고 가르마를 지그재그로 나뉜 뒤에 웨이브 부분은 손가락으로 돌돌 말아서 손바닥에 올려서 찬바람으로 드라이한 후 크림 타입의 헤어 에센스를 손바닥에 덜어 컬 부분을 살짝 쥐어 올리는 듯한 방법으로 도포한다.

• 세미롱C컬 웨이브

F B
R L

STYLE TIP

cut
샤프한 움직임을 주는 슬라이드 기법의 레이어 커트

perm
얼굴을 살짝 감싸는 디지털 펌의 굵은 C컬 웨이

color
너무 튀지 않으면서도 부드러운 이미지의 화 한 내츄럴 브라운 컬러

HAIR STYLING

· 위 부분의 모발은 살짝 들고 두피부터 말리면서 볼륨감을 만들어 준다.
· 앞머리는 자연스럽게 손가락으로 방향감을 주
· 컬 부분은 안쪽으로 살짝 말아서 찬바람으로 드라이한다.
· 크림타입의 헤어 에센스로 가볍게 도포하고 마무리한다.

STYLE TIP

cut

샤프한 이미지를 위하여 레이어로 무게감을 없애고 가볍게 질감처리

perm

습기가 많은 날에 푸석해 질 수 있는 모발을 뿌리는 볼륨매직으로 깔끔하게 정리하고 아래는 디지털 펌으로 자연스러움을 연출

color

잦은 염색과 펌으로 거칠어진 모발을 메니큐어로 윤기와 무게감을 연출

HAIR STYLING

- 컬러 후에는 컬러의 색감을 유지할 수 있도록 가능한 산성 샴푸를 사용하고 두피부터 말리면서 두피에 수분이 남지 않도록 충분히 드라이 한 후 모발의 겉머리는 깔끔하게 정리될 수 있도록 평판 아이롱으로 가볍게 드라이한 다음 모발의 끝부분은 45도 안쪽으로 1바퀴 정도 회전시키면서 C컬을 만들고 크림 타입의 헤어 에센스로 가볍게 도포하고 정리한다.

STYLE TIP

cut

차분하고 가벼운 느낌의 롱레이어 커트

perm

디지털 파마로 c, s컬의 자연스럽고 볼륨감 있는 러블리 펌 웨이브

color

화사하고 은은한 컬러감의 에쉬 브라운 컬러

HAIR STYLING

- 샴푸 후(산성 샴푸) 전체적으로 자연스럽게 말리고
- 두피 쪽을 들어서 드라이하면서 볼륨감을 살려준 후
- 롤 브러쉬를 이용하여 겉머리를 깔끔하게 펴 줍니다.
- c, s컬 부분은 손가락으로 돌돌 말아서 찬 바람으로 드라이 합니다.
- 소프트 왁스를 손바닥 위에 적당량 덜어서
- 바깥 부분을 중심으로 좌우로 털듯이 왁스를 도포합니다.

• 내츄럴 샤인 디지털 펌 볼륨 매직

STYLE TIP

cut

윤기감을 줄 수 있도록 볼륨매직을 하고 라인 내추럴한 S컬을 형성할수 있는 디지털 펌

perm

청순하고 부드러운 이미지의 볼륨매직+디지 펌의 믹스 디자인

color

화사하고 자연스러운 베이지 브라운 컬러

HAIR STYLING

· 전체적으로 모발은 살짝 들고 두피부터 말리면서 볼륨감을 만들어 준다.

· 롤 브러시로 윗쪽 머리를 깔끔하게 정리 하면서 드라이한다.

· 웨이브 부분은 말아서 손바닥 위에 올리고 찬바람으로 말린다.

· 헤어 에센스로 웨이브 부분을 정리하듯 가볍게 도포한다.

STYLE TIP

cut

뒷부분은 너무 많은 층은 주지 않으면서, 얼굴 라인쪽으로는 가볍게 보일수 있도록 레이어드된 커트 스타일.모량이 많은편이라 가닥가닥 가늘어지는 느낌이 들도록 질감 처리를 하여 샤프하게 연출.

perm

윤기감을 주고 부스스한 곱슬기를 없애기 위한 볼륨매직으로 최대한 모발에 부담을 줄이기 위해 단계별 전/후처리를 병행하였고, 깔끔하면서 자연스러운 느낌으로 완성되었습니다.

color

내츄럴브라운과 다트베이지브라운을 믹싱한 컬러 스타일. 원래 모발이 너무 검으신 분들이라면 살짝 한두톤 정도로만 밝게 하여도 훨씬 인상이 밝아질수 있습니다.

HAIR STYLING

· 컬러 후에는 컬러의 색감을 유지할 수 있도록 가능한 산성 샴푸를 사용하는 것이 좋다. 두피부터 말리면서 두피에 모발이 너무 붙지 않도록 자연스러운 볼륨감을 만들어 준 후 앞머리는 앞으로 내려 청순함을 살려준다.

STYLE TIP

cut

가볍고 운동감 있는 레이어 커트

perm

필요한 경우 굵은 웨이브의 디지털 파마

color

밝고 건강한 헬시 브라운 컬러를 호일워크로 하이 라이트 디자인

HAIR STYLING

· 모발 건강을 위하여 가능한 산성 샴푸로 샴푸를 하고 두피부터 말리면서 두피에 수분이 남지 않도록 드라이 한 후 모발의 겉머리는 깔끔하게 정리될 수 있도록 롤 브러쉬를 이용하여 드라이를 한다. 모발 끝부분은 원형 아이롱을 수직으로 해서 두 바퀴 이상 말아 굵은 웨이브를 만들어 주고 크림 타입의 헤어 에센스로 정리하듯이 도포한다.

레이러스트록

STYLE TIP

cut

로우 레이어와 하이레이어 믹스한 스트록 컷 헤어, 앞머리는 눈밑으로 라인을 정하고 쿨하면서 큐티함을 연출 중간부터 질감을 표현해 자유로운 스타일을 만들 수 있다.

perm

볼륨감과 윤기감에 중점을 두어 볼륨매직 스트레이트로 활기찬 이미지의 스타일

color

너무 튀지 않으면서도 화사하고 소프트한 이미지를 줄 수 있는 11레벨의 체스너츠브라운 컬러, 내추럴하면서 윤기와 질감을 up

HAIR STYLING

· 타올 드라이후 트리트먼트 세럼을 바르고 찬바람으로 뿌리쪽은 방사선으로 말리고 평판 아이롱을 이용하여 얼굴안쪽으로 살짝 말아줍니다. 자연스럽게 손질하는게 베스트!!

STYLE TIP

cut

샤기한 느낌으로 low레이어 베이스에 질감처리를 하여 모발 끝에 가벼움과 전체적인 무게감을 동시에 연출

perm

전체적으로 디지털 펌의 굵고 느슨한 웨이브 느낌을 주어 부드러운 이미지연출

color

너무 밝지않은 중명도 애쉬브라운 컬러로 내츄럴하고 시크한 느낌 연출

HAIR STYLING

· 파마 후에는 모발 건강을 위하여 가능한 산성 샴푸로 샴푸를 하고 윗머리는 가볍게 두피부터 드라이 한 후 모발의 겉머리는 부스스한 느낌으로 자연스럽게 털듯 말리고 앞머리는 귀엽게 귀 뒤쪽으로 넘겨준다. 모발 끝 웨이브 부분은 손가락으로 가볍게 말아서 손바닥 위에 올려 찬바람으로 말린 후에 크림 타입의 헤어 에센스로 최대한 자연스럽게 도포한다.

STYLE TIP

cut

아랫쪽 부분에는 무게감을 주어 안정정인 커트선을 유지하면서 위쪽은 가볍게 레이어드한 스타일. 모발이 두꺼운 모델분의 경우 부드러운 움직임을 주기 위해 가닥가닥 가볍게 질감 처리를 한 레이어 스타일

perm

굵은 웨이브의 느낌을 연출하기 위하여 아이롱으로 스타일링 되었으며 모질에 따라서 펌으로도 웨이브를 만들 수 있는 웨이브 이미지

color

밝은피부톤에 생기를 불어주는 핑크퍼플 브라운을 베이스로 하고,부분적으로 하이라이트를 주어 입체감있게 표현한 스타일

HAIR STYLING

· 두피부터 말리면서 자연스럽게 볼륨감을 만들어 준 후 모발의 겉머리는 자연스럽게 넘어갈 수 있도록 털듯이 드라이한 다음 웨이브 부분은 손가락으로 말아 손바닥에 올려서 찬바람을 이용하여 드라이한 후 소프트 왁스를 손바닥에 충분히 덜어 마찬가지로 살짝 쥐어 올리는 듯한 방법으로 도포한다.

STYLE TIP

cut

전체적으로 엑티브한 느낌을 주는 그라데이션 베이스 커트

perm

마샬 아이롱으로 목선에서 안쪽으로 자연스러운 웨이브 연출 (모질에 따라 펌으로도 가능)

color

비비드한 메트 에쉬계열의 브라운 컬러로 이국적이면서 활동적인 느낌의 컬러

HAIR STYLING

· 타월 드라이와 헤어드라이어를 이용하여 충분히 말린 후 원형 마샬 아이롱으로 이용하여 귀 아랫쪽에서 안쪽으로 살짝 돌려 웨이브를 만들어 주면 작은 얼굴이 더 작아 보이는 시각적인 효과를 줄 수 있습니다.

STYLE TIP

cut

원랭스 커트로 무거운 라인을 유지하면서 턱 선보다 긴 앞머리를 가이드로 사이드와 표면에 레이어 커트

perm

뿌리 부분은 윤기감을 주는 볼륨매직 + 턱 선을 중심 내츄럴한 샤인 디지털 파마로 I 라인 연출

color

자연스러운 애쉬 계열의 컬러로 자연스러운 그라데이션 컬러

HAIR STYLING

- 전체적으로 모발을 살짝 들고 두피부터 말리면서 볼륨감을 살리고
- 손가락으로 빗질을 하듯이 가볍게 위에서부터 드라이를 한 후
- 웨이브 부분은 손바닥 위에 살짝 말아서 올리고 찬바람으로 말린다.
- 소프트 왁스나 헤어 에센스로 웨이브 부분을 주먹으로 쥐듯이 구겨주고 정리한다.

STYLE TIP

cut

작은 얼굴을 더욱 작게 보일 수 있는 무게감 있는 그라데이션 커트을 베이스로 시술하였고 얼굴라인을 따라 레이어로 층 낸 스타일

perm

가늘고 쳐지는 모발에 볼륨감과 발랄한 느낌을 주기위해 부시시 컬의 릿지감을 강하게 살린 펌 디자인

color

어두운 피부톤을 산뜻하게 표현하기 위한 오렌지 브라운 컬러링

HAIR STYLING

- 두피부터 말리면서 자연스럽게 볼륨감을 만들어 준 후 모발의 겉머리는 부스스한 느낌으로 털듯이 드라이한 다음 가르마를 지그재그로 나뉜 뒤에 웨이브 부분은 손가락으로 살짝 말아서 찬바람을 이용하여 드라이한 다음 무스 타입의 왁스를 손바닥에 충분히 덜어 마찬가지로 살짝 쥐어 올리는 듯한 방법으로 도포한다.

• 소프트웨어디지털

Before

After

STYLE TIP

cut

샤프한 이미지를 주는 전형적인 레이어 컷 디자인

perm

굵고 내츄럴한 웨이브를 유지기간과 손질이 비교적 간편한 디지털 펌으로 디자인

color

부드럽고 화사한 이미지를 주는 라이트 브라운의 조금은 화려한 컬러 디자인

HAIR STYLING

· 헤어드라이어를 이용하여 80%이상 충분히 말린 후 웨이브 부분은 손가락으로 살짝 돌려 손바닥 위에 올려두고 드라이어의 찬 바람으로 천천히 드라이하면 하루종일 탱탱한 웨이브를 유지할 수 있습니다.

STYLE TIP

cut

층이 거의 없는 무게감 있는 레이어 커트로 차분한 느낌을 연출

perm

굵고 자연스러운 디지털 파마 S 라인의 웨이브로 자연스러운 분위기의 파마

color

차분한 느낌의 내츄럴 다크 브라운 컬러

HAIR STYLING

· 두피부터 전체적으로 드라이를 하고
· 롤 브러시나 평판 아이롱으로 윗부분은 자연스럽게 펴 주고
· 웨이브 부분은 자연스럽게 쥐듯 드라이 하고 헤어 에센스로 가볍게 스타일링한다.

STYLE TIP

cut

전체적으로 원랭스의 무거운 가이드 라인에 오버섹션은 앞쪽으로 흐르는 A라인 랜덤식 슬라이싱컷으로 부분적인 레이어로 너무 무겁지 않은 자연스런 스타일을 연출한다.

perm

전체적으로 윤기있는 느낌을 주기위한 볼륨매직 + 샤인디지털 펌

color

화사한 봄맞이를 위한 10레벨 정도의 옐로우매트 브라운 컬러

HAIR STYLING

· 첫 인상에서 가장 중요한 앞머리는 눈을 가리지 않으면서도 깔끔한 것이 좋다. 롱헤어의 경우 긴 앞머리가 걱정이라면 살짝 볼륨감과 방향감을 줄 수 있도록 평판 아이롱를 이용하여 가름마를 기준으로 윗쪽으로 조금 올렸다 원하는 방향으로 살짝 돌려주면 깔끔하고 느낌있는 앞머리를 만들어 줄 수 있다.

• 러블리 A라인 샤인볼륨매직

STYLE TIP

cut

디자인 라인 A라인으로 커트하고 슬라이드 커트

perm

볼륨매직으로 차분하면서 안쪽으로 감싸 안는 컬

color

겨울에 어울리는 트랜드 컬러 멜티그레이프 하이톤의 컬러

HAIR STYLING

· 샴푸 후, 두피부터 말리면서 두피에 모발이 너무 붙지 않도록 자연스러운 볼륨감을 만들어 주고 앞머리는 양 가르마로 내려 청순함을 살려주면서 C컬 부분은 뒤에서 앞쪽 방향으로 손으로 방향감을 주면서 드라이를 하고 유분 타입의 헤어 에센스로 가볍게 털듯이 도포한다.

STYLE TIP

cut
얼굴 주변에 층을 주어 가볍고 얼굴형을 커버하는 레이어 커트

perm
자연스럽고 깔끔한 느낌을 주는 볼륨 매직

color
피부톤이 한층 더 맑고 화사해 보이는 부드러운 핑크 브라운 컬러

HAIR STYLING

컬러 후에는 컬러의 색감을 유지할 수 있도록 가능한 산성 샴푸를 사용하고 두피부터 말리면서 두피에 수분이 남지 않도록 충분히 드라이 한 후 가르마는 약간의 사선으로 나누어 주면 입체감을 느낄 수 있다. 그리고 모발의 겉머리는 깔끔하게 정리될 수 있도록 평판 아이롱으로 가볍게 드라이한 다음 모발의 끝부분은 45도 안쪽으로 1바퀴 정도 회전시키면서 C컬을 만들고 크림 타입의 헤어 에센스로 가볍게 도포하고 정리한다.

STYLE TIP

cut
전체적인 안정감과 소프트한 이미지를 주는 로우 레이어 커트 디자인

perm
마샬 아이롱으로 연출을 하였지만 디지털 파마로도 자연스러운 웨이브가 만들어지는 스타일

color
따스한 느낌의 애쉬 매트 브라운 컬러로 소프트한 느낌과 함께 이국적인 이미지의 컬러 스타일

HAIR STYLING

· 전체적으로 모발을 살짝 들고 두피부터 말리면서 볼륨감을 살리고
· 손가락으로 빗질을 하듯이 가볍게 위에서부터 드라이를 한 후
· 웨이브 부분은 손바닥 위에 살짝 말아서 올리고 찬바람으로 말린다.
· 소프트 왁스로 웨이브 부분을 주먹으로 쥐듯이 구겨주고 정리한다.

레드브라운 원랭스 커트

STYLE TIP

cut

층이 거의 없는 원랭스의 차분한 일자컷트 여자 헤어스타일

perm

(No perm) 아이롱으로 스타일링

color

포근하고 따뜻한 분위기의 레드브라운 컬러 여자 헤어스타일

HAIR STYLING

- 밋밋한 생머리가 지겹다면 원형 컬링 아이롱을 준비해서 140° 정도로 설정하고 45° 정도로 아이롱을 잡아 모발의 끝은 살짝 꼬아서 돌려주면 다발감과 함께 굵은 웨이브를 만들어 줄 수 있습니다.

STYLE TIP

cut

무게감 있는 U라인 형태의 레이어 커트

perm

곱슬인 경우에는 필요에 따라 깔끔한 볼륨매직과 디지털 파마를 믹스

color

따뜻하고 화사한 느낌의 내츄럴 브라운 컬러

HAIR STYLING

- 정수리 부분의 모발은 살짝들고 두피부터 말리면서 볼륨감을 만들어 준다.
- 롤 브러쉬로 윗쪽 머리를 깔끔하게 정리하면서 드라이 한다.
- 웨이브 부분은 손가락으로 돌돌 말아서 찬바람으로 드라이하고
- 소프트 왁스나 에센스로 웨이브 부분을 주먹으로 쥐듯이 구겨 주고 정리한다.

STYLE TIP

cut

무게감을 줄이고 샤프한 슬라이드 커트 기법의 레이어 커트 디자인

perm

밋밋할 수 있는 레이어 커트를 볼륨매직 후 아이롱으로 컬 연출

color

밝은 톤의 애쉬 브라운으로 화사하고 따뜻한 헤어컬러

HAIR STYLING

- 위 부분의 모발은 살짝 들고 두피부터 말리면서 볼륨감을 만들어 준다.
- 앞머리는 자연스럽게 핸드 드라이로 방향감을 만들고
- 컬 부분은 아이롱을 이용여 안쪽으로 살짝 말아서
- 소프트 왁스로 가볍게 도포하고 마무리 한다.

레이어 디지털펌

STYLE TIP

cut
안정적인 느낌을 줄 수 있도록 쇄골 아래 10센치 기장으로 아랫쪽에 무게감을 실어주고 윗쪽에는 층을 주어 얼굴 안쪽으로 감싸지는 라인을 형성

perm
소프트한 이미지로 느슨하게 모발 끝쪽에 들어 간 디지털펌

color
너무 밝지 않으면서도 자연스러운 메트골드 브라운을 베이스로 부분적으로 얼굴주위와 앞머리 부분에 하이라이트가 들어가 피부톤을 화사하게 연출한 컬러

HAIR STYLING

· 우선 두피부터 말리면서 볼륨감을 살려주고 앞머리는 자연스럽게 앞쪽으로 흐르게 한 뒤에 웨이브 부분은 손가락으로 돌돌 말아서 손바닥에 올려서 찬바람으로 드라이한 후 크림 타입의 헤어 에센스를 손바닥에 덜어 컬 부분을 살짝 쥐어 올리는 듯한 방법으로 도포한다.

STYLE TIP

cut
일자 느낌으로 지나치게 무겁지 않게 그라데이션과 모량조절을 하고 라운딩된 앞머리로 큐트한 느낌을 주는 스타일

perm
디지털 펌으로 다발감을 느낄 수 있는 볼륨감과 율동감 표현

color
브라운 베이스에 한색계를 혼합하여 부드러운 인상 표현 모발 끝이 무거운 느낌을 컬러로 부드럽게 표현한 스타일

HAIR STYLING

- 컬러 후에는 색감의 유지와 모발 건강을 위하여 산성 샴푸를 이용하는 것이 좋다. 우선 두피부터 말리면서 볼륨감을 살려주고 앞머리는 자연스럽게 앞쪽으로 방향감을 주고 웨이브 부분은 손가락으로 돌돌 말아서 손바닥에 올려서 찬바람으로 드라이한 후 크림 타입의 헤어 에센스를 손바닥에 덜어 컬 부분을 살짝 쥐어 올리는 듯한 방법으로 도포한다.

STYLE TIP

cut
무게감을 줄이고 가벼움과 움직임을 주는 레이어 커트

perm
디지털 파마를 이용하여 여성스러운 굵은 c, s컬 웨이브

color
너무 튀지 않으면서도 비비드한 느낌의 오렌지 브라운 컬러

HAIR STYLING

- 위 부분의 모발은 살짝 들고 두피부터 말리면서 볼륨감을 만들어 주고
- 컬 부분은 돌돌 말아서 손바닥에 올려서 찬바람으로 드라이한다.
- 크림 타입의 헤어 에센스로 가볍게 도포하고 마무리한다.

• 엘레강스 웨이브 올리브 브라운

STYLE TIP

cut

길이는 많이 자르지 않으면서 탑부분에 층을
어 움직임이 생길수 있도록 하고 앞머리는 턱
아래로 길게 남겨 두어 성숙되고 페미닌함을
해준다.

perm

엘레강스한 굵은 웨이브의 디지털 펌

color

투명하게 비치는 듯한 고명도에 올리브 브라
으로 외국인풍에 이국적인 느낌으로 연출

HAIR STYLING

- 뿌리에서 부터 드라이에 바람을 주어 풍성하게 말리고
- 랜덤한 아이롱연출로 여성스럽고 부드럽게 만들고
- 얼굴주위에는 리버스 방향에 컬감으로 섹시을 가미

STYLE TIP

cut

너무 가볍지 않은 무게감 있는 하이 레이어 커트

perm

러블리한 분위기의 디지털 파마 웨이브

color

밝고 화사한 이미지의 베이지 네뷰럴 브라운 헤어 컬러

HAIR STYLING

· 파마 후에는 모발 손상 방지를 위하여 가능한 산성 샴푸를 사용하고 두피부터 말리면서 자연스럽게 볼륨감을 만들어 준 후 모발의 겉머리는 부스스한 느낌으로 털듯이 드라이한 다음 웨이브 부분은 손가락으로 전체를 이용하여 살짝 위로 올리는 듯한 느낌으로 찬바람을 이용하여 드라이한 후 무스 타입의 왁스를 손바닥에 충분히 덜어 마찬가지로 살짝 쥐어 올리는 듯한 방법으로 도포한다.

STYLE TIP

cut

무게감을 줄이면서 가볍게 질감처리하여 자연스러운 이미지를 주고 앞머리는 라운딩된 뱅으로 큐트한 이미지를 연출한 커트 디자인

perm

부시시하고 질감이 느껴지는 웨이브 느낌을 디지털 펌으로 연출하여 오랫동안 웨이브가 지속되어 경제적으로도 알뜰하면서 스타일링이 비교적 간단하여 시간을 절약할 수 있는 디지털 웨이브

color

너무 튀지 않으면서 차분한 느낌을 주는 어두운 갈색 계열의 컬러

HAIR STYLING

· 두피부터 말리면서 두피에 수분이 남지 않도록 드라이 한 후 모발의 겉머리는 자연스럽게 살짝 털듯이 말리고 모발 끝 웨이브 부분은 손가락으로 가볍게 말아서 손바닥 위에 올려 찬바람으로 말린 후에 크림 타입의 헤어 에센스를 자연스럽게 도포한다.

• 레이어 커트 쿠퍼 브라운

STYLE TIP

cut

너무 가볍지 않은 샤기 느낌의 샤프한 레이어 컷으로 여성스러운 헤어스타일

perm

(No perm) 원형 마샬 아이롱으로 스타일링

color

고급스러우면서도 경쾌한 느낌의 카퍼 브라운 컬러 헤어스타일

HAIR STYLING

· 차분한 레이어 컷 생머리 헤어스타일을 즐기는 것도 좋지만 엘레강스한 분위기를 위해서 원형 마샬 아이롱을 이용하여 바깥으로 컬을 만들어 주고 중간 고정력의 왁스로 구기듯 볼륨감을 만들어 준 후 스프레이 왁스를 뿌리쪽에 뿌려주면 자연스러운 컬 느낌의 엘레강스 웨이브를 만들어 줄 수 있습니다.

STYLE TIP

cut

여성스러움과 큐트한 느낌을 연출 할 수 있도록 전체적으로 너무 가볍지 않은 레이어컷으로 끝 부분은 부드럽게 질감 처리

perm

내츄럴하면서도 사랑스러운 느낌을 살려 흐르는 느낌으로 굵은 웨이브 연출

color

카파 오렌지 옐로우 3가지 컬러로 호일워크한 컬러 디자인으로 3가지 색상은 윤기감 투명감과 모발이 건강하게 보여진다.

HAIR STYLING

· 산성 샴푸를 사용하여 샴푸를 하고 두피부터 말리면서 자연스럽게 볼륨감을 만들어 준 후 모발의 겉머리는 자연스럽게 넘어갈 수 있도록 자연스럽게 드라이한 다음 웨이브 부분은 손가락으로 말아 손바닥에 올려서 찬바람을 이용하여 드라이한 후 소프트 왁스를 손바닥에 충분히 덜어 마찬가지로 살짝 쥐어 올리는 듯한 방법으로 도포한다.

STYLE TIP

cut

너무 무겁지 않도록 한 레이어 컷 디자인

perm

유지기간이 긴 디지털 펌으로 굵은 웨이브를 디자인

color

투톤의 호일워크 컬러기법으로 입체적인 느낌을 주는 컬러

HAIR STYLING

· 전체적으로 가볍게 80%드라이를 하고 두피부터 말려가면서 자연스러운 볼륨감을 주고 웨이브 부분은 손가락으로 살짝 돌려주며 말려주면 자연스러운 웨이브가 더욱 오랫동안 유지될 수 있다.

• 크림베이지 레이어

STYLE TIP

cut

자연스러운 레이어커트으로 턱선을 살짝 감싸는 커트 헤어스타일

perm

(No perm) 간단한 드라이와 아이롱연출 / 디지털펌으로 시술 가능

color

부드럽고 달콤한 느낌의 크림베이지 컬러 헤어스타일

HAIR STYLING

· 샴푸 후 드라이어로 충분히 말린 후
· 원형의 마샬 컬링 아이롱으로 윗 턱선부터
· 가로로 말아 주면서 자연스럽게 웨이브를 만들고
· 손가락으로 가볍게 터치하면서 풀어주어
· 너무 인위적이 되지 않도록 스타일링 합니다

STYLE TIP

cut

가볍고 샤프한 이미지의 하이 레이어 커트

perm

곱슬 등 필요에 따라서 볼륨매직

color

모발 끝은 밝게 탈색한 투톤의 컬러

HAIR STYLING

- 전체적으로 모발을 살짝 들고 두피부터 말리면서 볼륨감을 만들어 준다.
- 가르마는 지그재그로 나누어 주고
- 롤 브러시나 평판 아이롱을 이용해서 C컬 느낌으로 드라이를 한다
- 오일 에센스를 모발의 끝부분 위주로 도포하고 정리하듯 앞쪽으로 향하게 마무리한다.

STYLE TIP

cut

무게감 있는 레이어 커트를 베이스로 하여 차분하고 여성스러운 이미지

perm

자연스러운 웨이브감으로 러블리한 분위기의 디지털 펌 디자인

color

전체적으로 화사한 이미지와 누구에게나 잘 어울리는 에쉬브라운 컬러

HAIR STYLING

- 전체적으로 모발은 살짝 들고 두피부터 말리면서 볼륨감을 만들어 준다.
- 앞머리는 롤 브러시를 이용해서 원하는 방향으로 방향감을 만들어 주면서 드라이한다.
- 웨이브 부분은 손가락으로 돌돌 말아서 손바닥 위에 올리고 찬바람으로 말린다.
- 헤어 에센스로 웨이브 부분을 정리하듯 가볍게 도포한다.

• A라인 보브단발

STYLE TIP

cut

너무 가볍지 않은 샤프한 A라인 보브 단발머리 커트

perm

원형 마샬 아이롱으로 스타일링 / 모질에따라 디지털 펌으로 시술

color

화사하면서도 소프트한 분위기의 내츄럴 브라운 컬러와 호일워크

HAIR STYLING

· 정수리 부분의 모발은 살짝 들고 두피부터 말리면서 볼륨감을 만들어 준다.
· 앞머리는 자연스럽게 롤 브러시로 방향감을 만들고
· 컬 부분은 안쪽으로 넣어 살짝 올리듯 찬바람으로 말려주고
· 헤어 에센스로 가볍게 도포하고 마무리한다.

투블럭 커트

STYLE TIP

cut

투블럭 커트의 쇼트 커트

perm

필요에 따라서 볼륨매직으로 깔끔하고 자연스러운 펌 필요

color

부드럽고 세련된 느낌의 애쉬브라운 컬러

HAIR STYLING

· 위 부분은 가볍게 쥐듯이 해서 손가락 사이로 드라이의 바람을 넣어 다발감을 만들고
· 옆 머리는 뜨지 않도록 손바닥을 이용하여 살짝 다운 시키면서 드라이 한 후
· 소프트 왁스를 소량 덜어서 손가락으로 가볍게 정리하듯 도포하고
· 모발의 끝부분에는 손가락 끝으로 꼬아 주면서 포인트를 만들어 준다.

• 보브 클래식 보브단발 볼륨매직 애쉬브라운 컬러

STYLE TIP

cut

자연스러운 볼륨감의 그라데이션 보브단발 머리 커트

perm

모질에 따라서 볼륨매직과 디지털 펌 필요

color

은은한 컬러감으로 부드러운 이미지의 애쉬 브라운 컬러

HAIR STYLING

· 전체적으로 가볍게 털 듯이 두피부터 말리고
· 옆머리는 볼륨감을 살릴 수 있도록 안쪽에서 바깥쪽으로 드라이한다.
· 모발의 끝이 안쪽으로 자연스럽게 들어갈수 있도록 손으로 방향감을 잡아 주고
· 차분한 느낌으로 크림 타입의 에센스로 모발의 표면과 끝부분을 위주로 도포한다.

셋팅펌 C컬 웨이브

STYLE TIP

cut

적당한 무게감과 볼륨감의 그라데이션 보브 단발머리 스타일 커트

perm

셋팅펌를 이용한 굵은 C컬 웨이브로 부드러운 이미지의 컬

color

너무 튀지 않으면서도 센스있는 이미지의 레드 브라운 컬러

HAIR STYLING

· 위 부분의 모발은 살짝 들고 두피부터 말리면서 볼륨감을 만들어 준다.
· 사이드는 손으로 모발의 끝을 안쪽으로 넣어 주면서 말리고
· 크림타입의 헤어 에센스로 가볍게 도포하고 마무리한다.

• 보브 A라인 보브 디지털 펌

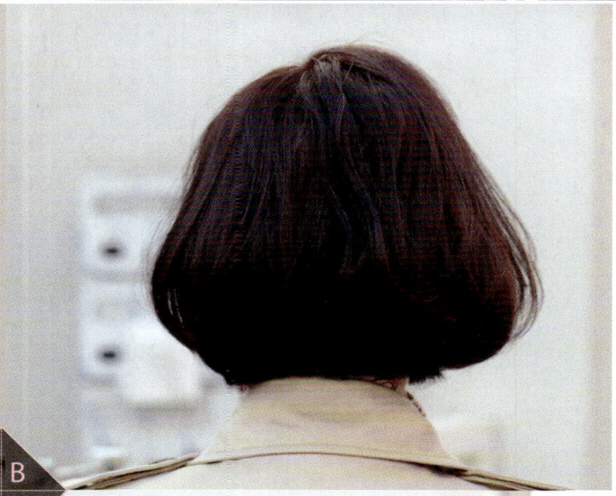

F B
R L

STYLE TIP

cut

앞이 길어지는 A라인 보브 단발머리 커트

perm

곱슬인 경우에는 필요에 따라 깔끔한 볼륨 매직과
디지털 펌을 믹스

color

차분한 분위기의 내츄럴 브라운 컬러

HAIR STYLING

- 쳐지기 쉬운 정수리 부분의 모발을 들고 두피부터 말리면서 볼륨감을 만들어 준다.
- 웨이브 부분은 살짝 말아 손바닥 위에 올리고 찬바람으로 말린다.
- 자연스러운 앞머리의 방향감을 만들어 줄 수 있도록 롤 브러쉬로 방향을 준다.
- 소프트 왁스나 에센스로 웨이브 부분을 주먹으로 쥐듯이 구겨주고 정리한다.

STYLE TIP

cut

무게감 있는 그라데이션 보브 단발커트

perm

곱슬인 경우에는 필요에 따라 깔끔한 볼륨매직와 디지털 펌 추천

color

너무 밝지 않은 내추럴 브라운 컬러 헤어컬러

HAIR STYLING

- 쳐지기 쉬운 정수리 부분의 모발을 들고 두피부터 말리면서 볼륨감을 살리고
- C컬 부분은 손바닥 위에 들어 올리듯 찬바람으로 말린다.
- 자연스러운 앞머리의 방향감을 만들어 줄 수 있도록 롤 브러시로 방향을 준다.
- 소프트 왁스나 에센스로 C컬 부분을 받쳐 올리듯 도포하고 정리한다.

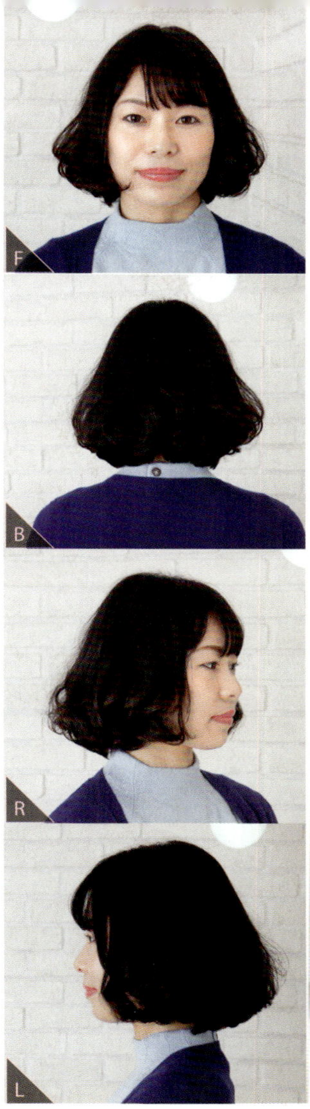

STYLE TIP

cut

전체적으로 볼륨감있는 그라데이션 커트

perm

자극을 줄이는 일반펌으로 굵은 컬을 디자인한 귀여운 이미지

color

차분한 분위기의 다크 브라운 컬러

HAIR STYLING

- 정수리 부분의 모발은 살짝들고 두피부터 말리면서 볼륨감을 만들어 준다.
- 롤 브러쉬로 윗쪽 머리를 깔끔하게 정리하면서 드라이 한다.
- 웨이브 부분은 찬바람으로 구기 듯 말려주고
- 소프트 왁스나 에센스로 웨이브 부분을 주먹으로 쥐듯이 구겨주고 정리한다.

• 볼륨매직 C컬 디지털펌 믹스웨이브

STYLE TIP

cut

무게감 있는 레이어 커트

perm

윗쪽은 볼륨매직 아랫쪽은 디지털 펌의 믹스 펌 헤어스타일

color

자연스러운 브라운 컬러

HAIR STYLING

- 전체적으로 모발을 살짝 들고 두피부터 말리면서 볼륨감을 만들어 주고
- 롤 브러시로 위쪽 머리를 깔끔하게 정리하면서 드라이를 한 후
- 웨이브 부분은 손바닥으로 살짝 들어 올리듯이 드라이한 다음
- 소플 왁스를 사용하여 구기듯 가볍게 도포하고 정리한다.

STYLE TIP

cut

무게감 있는 그라데이션의 커트

perm

필요에 따라서 볼륨매직으로 깔끔하고 자연스러운 펌 필요

color

지적이고 여성적인 분위기의 내추럴 브라운 컬러

HAIR STYLING

- 롤 브러시를 이용해서 윗머리를 앞쪽으로 흐르게 방향을 잡고
- 옆머리와 뒷 머리는 C컬로 볼륨감을 주면서 드라이를 한다.
- 원형 아이롱으로 모발의 끝 부분을 얼굴 안쪽 방향으로 C컬을 만들어 준 후
- C컬 부분은 안쪽으로 방향을 잡으며 오일 에센스를 사용하여 손가락 사이로 가볍게 도포한다.

• 처피뱅 애쉬브라운 호일워크

STYLE TIP

cut

짧은 앞머리의 처피뱅과 무거운 레이어 커트

perm

모질에 따라서 필요한 경우 볼륨매직과 디지털 펌

color

은은한 컬러감의 애쉬 브라운 컬러와 호일워크로 입체감과 공기감을 디자인

HAIR STYLING

· 전체적으로 모발을 살짝 들고 두피부터 말리면서 볼륨감을 만들어 준다.
· 앞머리는 손으로 털듯이 러프하게 드라이 한 후
· 아랫부분은 원형 아이롱으로 살짝 방향감을 주는 정도로 컬을 만들고
· 크림타입의 에센스로 가볍게 도포하고 정리한다.

스파이럴 랜덤 웨이브

STYLE TIP

cut

그라데이션느낌으로 무게감을 살리고 귀여운 짧은 뱅 디자인

perm

자연스러운 움직임의 롯드를 사용한 스파이럴 랜덤 펌 웨이브

color

골드 브라운의 따듯한 느낌이 나면서 우아한 느낌의 컬러

HAIR STYLING

- 정수리 부분의 모발은 살짝 들고 두피부터 말리면서 볼륨감을 만들어 준다.
- 롤 브러쉬로 윗쪽 머리를 깔끔하게 정리하면서 드라이한다.
- 웨이브 부분은 살짝 말아 손바닥 위에 올리고 찬바람으로 말린다.
- 소프트 왁스나 에센스로 웨이브 부분을 주먹으로 쥐듯이 구겨주고 정리한다.

• 그라데이션 디지털 펌 웨이브

STYLE TIP

cut

무게감 있는 그라데이션의 커트

perm

유지기간과 텡글한 컬감이 좋은 디지털 펌 (필요에 따라서 볼륨매직으로 깔끔하고 자연스러운 펌 필요)

color

자연스러운 브라운 컬러

HAIR STYLING

- 전체적으로 모발을 살짝 들고 두피부터 말리면서 볼륨감을 만들어 준다.
- 롤 브러시로 위쪽 머리를 깔끔하게 정리하면서 드라이한다.
- 웨이브 부분은 손가락으로 돌돌 말아서 손바닥 위에 올리고 찬바람으로 말린다.
- 오일 에센스를 사용하여 살짝 구기듯 가볍게 도포한다.

STYLE TIP

cut

전체적으로 볼륨감 있는 그라데이션 커트

perm

자연스러운 컬의 디지털 펌

color

피부색에 따라서 에쉬브라운 컬러를 추천

HAIR STYLING

- 정수리 부분의 모발은 살짝들고 두피부터 말리면서 볼륨감을 만들어 준다.
- 롤 브러쉬로 윗쪽 머리를 깔끔하게 정리하면서 드라이 한다.
- 찬바람으로 컬 부분을 말려주고
- 소프트 왁스나 에센스로 웨이브 부분을 주먹으로 쥐듯이 구겨주고 정리한다.

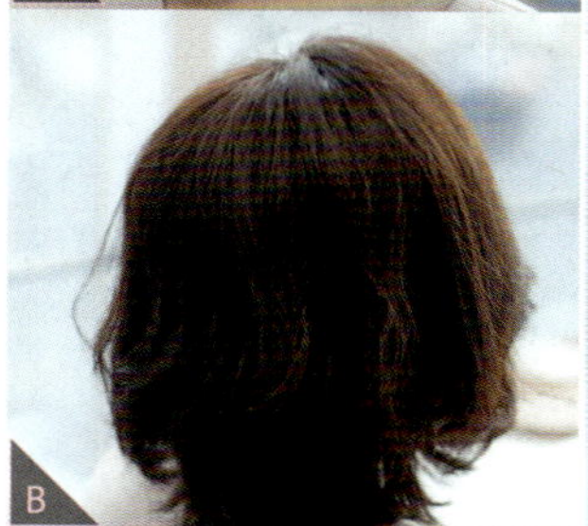

STYLE TIP

CUT

조금은 가벼운 길이의 커트 스타일

PERM

비교적 관리와 유지기간이 긴 디지털 펌

COLOR

자연스러운 다크 브라운이나 애쉬브라운 컬러 추천

HAIR STYLING

- 볼륨감을 살릴 수 있도록 모발을 살짝 들고 두피부터 말리고
- 롤 브러시로 윗쪽 머리를 깔끔하게 정리하면서 드라이한다.
- 웨이브 부분은 손으로 가볍게 쥐듯이 구기면서 드라이를 하고
- 소프트 왁스를 사용해서 손을 아래에서 위로 들어 올리 듯 웨이브 부분에 도포하고 가볍게 털듯 정리한다.

• 보브 C컬 디지털 믹스 펌

STYLE TIP

cut

전체적으로 자연스러운 볼륨감이 있는 그라데이션 커트

perm

자연스러운 컬의 디지털 펌+필요에 따라서 볼륨매직의 믹스 펌

color

피부색에 따라서 차분한 초코브라운 컬러를 추천

HAIR STYLING

- 정수리 부분의 모발은 살짝들고 두피부터 말리면서 볼륨감을 만들어 준다.
- 평판 아이론으로 윗쪽 머리를 깔끔하게 정리하면서 드라이 한다.
- 찬바람으로 컬 부분을 말려주고
- 소프트 왁스나 에센스로 웨이브 부분을 주먹으로 쥐듯이 구겨주고 정리한다.

STYLE TIP

cut
자연스러운 볼륨감을 위한 그라데이션 디자인 커트 디자인

perm
아이롱을 이용하여 컬감을 연출 하였으나 볼륨펌으로도 충분히 시술 가능

color
너무 튀지 않으면서도 은은한 색감이 느껴지는 메트 브라운 컬러

HAIR STYLING

- 전체적으로 두피부터 드라이하면서 볼륨감을 만들어 주고
- 모발의 끝부분은 손가락으로 다발감을 만들어 주면서 손가락 사이로 드라이를 한다.
- 윗머리는 그루브를 23개 정도 말아서 드라이하고
- 소프트 왁스나 에센스로 웨이브 부분을 주먹으로 쥐듯이 가볍게 도포한다.

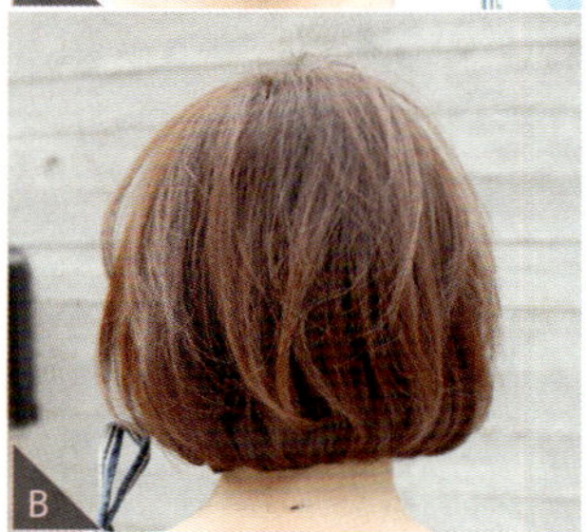

• 애쉬브라운 컬러 볼륨 펌

그라데이션 커트 C컬

STYLE TIP

cut
전체적으로 볼륨감 있는 그라데이션 커트

perm
필요에 따라 볼륨매직이나 디지털 펌

color
피부색에 따라서 에쉬브라운 컬러를 추천

HAIR STYLING

- 정수리 부분의 모발은 살짝들고 두피부터 말리면서 볼륨감을 만들어 준다.
- 롤 브러쉬로 윗쪽 머리를 깔끔하게 정리 하면서 드라이 한다.
- 모발의 끝은 아이롱으로 굵은 웨이브를 만들어 주고
- 소프트 왁스나 에센스로 웨이브 부분을 주먹으로 쥐듯이 구겨주고 정리한다.

• CJ컬 믹스 펌

STYLE TIP

cut

원랭스 커트와 그라데이션 커트를 믹스해 공기감을 넣어 볼륨감을 살린 커트

perm

뿌리 매직과 디지털 펌으로 C 컬과 J 컬을 넣어 내추럴하고 여성스러운 웨이브

color

8레벨의 뉴트럴 브라운 컬러를 베이스로 하여 호일 워크 디자인으로 질감을 표현

HAIR STYLING

· 샴푸 후 반 건조된 상태에서 에센스를 발라주고
· 찬바람으로 모발을 얼굴 안쪽 방향으로 돌려 가면서 건조해주며
· 소프트 왁스로 모발 끝을 쥐었다 폈다 하는 식으로 도포한다.

• 브라운 컬러 볼륨 펌

STYLE TIP

cut

자연스러운 볼륨감과 이쁜 두상의 그라네이션 커트

perm

스파이럴의 일반 펌으로 굵고 자연스러운 컬감(모질에 따라서 볼륨매직과 디지털 펌 믹스)

color

너무 튀지 않은 소프트한 이미지의 내추럴 브라운 컬러

HAIR STYLING

· 정수리 부분의 모발은 살짝 들고 두피부터 말리면서 볼륨감을 만들어 준다.
· 필요한 경우에는 롤 브러시로 윗쪽 머리를 깔끔하게 정리하면서 드라이한다.
· 모발의 끝은 웨이브 부분은 마지막에 찬바람으로 말리고
· 소프트 왁스나 에센스로 웨이브 부분을 주먹으로 쥐듯이 구겨주고 정리한다.

F

B

R

L

애쉬 브라운 A라인

F

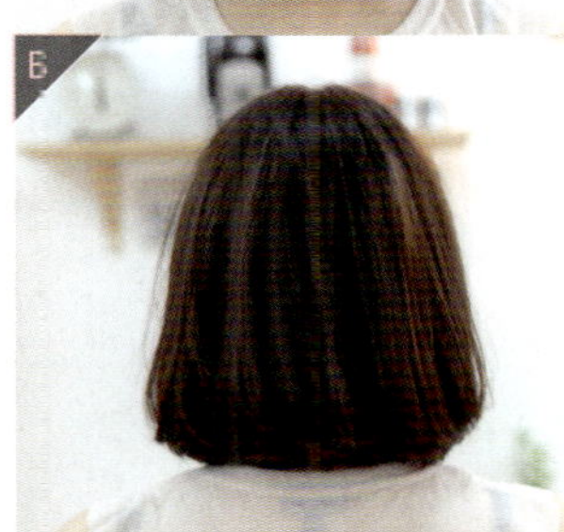
B

R

L

STYLE TIP

cut

원랭스의 무게감 속에서 자연스러운 볼륨감을 느낄 수 있는 질감 처리의 보브 커트

perm

볼륨매직으로 차분하면서도 깔끔한 이미지

color

너무 화려하지 않으면서도 차분하고 센스 있는 컬러감의 애쉬 브라운 컬러

HAIR STYLING

· 전체적으로 두피부터 드라이하면서 볼륨감을 만들어 주고
· 모발의 끝부분은 손가락으로 다발감을 만들어 주면서
손가락 사이로 드라이를 한다.
· 앞머리는 평판 아이롱으로 방향감을 만들고
· 소프트 왁스나 에센스로 C컬 부분을 안쪽으로 넣어주듯 가볍게 도포한다.

• 레이어 카시스 컬러

STYLE TIP

cut

무게감 있는 로우 레이어를 베이스로 얼굴 주변에 레이어 디자인

perm

(No perm) 모질에 따라서 볼륨매직과 디지털 펌를 믹스

color

깊이감 있고 지적인 이미지의 카시스 브라운 컬러

HAIR STYLING

- 정수리 부분의 모발은 살짝 들고 두피부터 말리면서 볼륨감을 만들어 준다.
- 앞머리는 원하는 방향(가르마 방향)에 따라서 롤 브러시로 방향감을 만들고
- 원형 아이롱으로 얼굴 주변의 레이어 층에 살짝 컬을 주고
- 모발 아래쪽은 강한 C 컬러로 컬을 만들다.
- C컬 부분을 헤어 에센스로 가볍게 도포하고 마무리한다.

레이어 러프 웨이브

STYLE TIP

cut

조금은 가벼운 레이어 커트 + U라인

perm

강한 직모인 경우에는 필요에 따라 디지털 펌 추천

color

자연스러운 다크 브라운이나 애쉬브라운 컬러 추천

HAIR STYLING

· 정수리 부분의 모발은 살짝 들고 두피부터 말리면서 볼륨감을 살리고
· 앞머리는 롤 브러시로 큰 커브를 그리면서 자연스럽게 방향감을 만든다.
· 웨이브 부분은 손바닥 위에 올리고 찬바람으로 말린다.
· 소프트 왁스나 에센스로 웨이브 부분을 주먹으로 쥐듯이 구겨주고 정리한다.

• 레이어 커트 레드 쿠퍼브라운 컬러

STYLE TIP

cut

무게감 있는 레이어 커트

perm

곱슬이 있는 경우 윗쪽은 볼륨매직 아랫쪽은 디지털 펌의 믹스 펌 추천

color

비비드한 레드 색감의 쿠퍼 브라운 헤어컬러

HAIR STYLING

- 모발을 들고 두피부터 말리면서 볼륨감을 만들어 준 후
- 롤 브러시로 윗쪽 머리를 깔끔하게 정리하면서 드라이한다.
- 웨이브 부분은 컬의 방향에 따라서 손가락으로 돌돌 말아서 손바닥 위에 올리고 찬바람으로 말린다.
- 웨이브를 목 안쪽으로 향하게 하고 크림 타입의 헤어 에센스로 웨이브 부분을 구기듯 가볍게 도포한다.

STYLE TIP

cut

원랭스 커트 베이스 라인에 레이어를 디자인하고 슬라이드 커트로 질감처리

perm

부드럽고 자연스러우면서 깔끔한 이미지의 크리스탈 볼륨매직

color

초코 브라운 컬러로 따뜻하고 포근한 컬러 이미지

HAIR STYLING

- 자연스러운 볼륨감을 줄 수 있도록 드라이어로 두피부터 말려 주고
- 손가락으로 자연스럽게 쓸어내리면서 차분한 느낌으로 연출
- 앞머리도 가르마 방향으로 쓸어내리며 방향감을 만들고
- 헤어 에센스로 모발 끝 위주로 도포하면서 쓸어내린다.

• C컬 디지털 펌 볼륨매직 믹스

STYLE TIP

cut

무게감있는 레이어 커트 U 라인의 레이어 커트

perm

곱슬인 경우에는 깔끔한 볼륨매직과 아래는 디지털 펌 믹스

color

화사하고 따뜻한 느낌의 애쉬브라운 컬러

HAIR STYLING

- 정수리 부분의 모발은 살짝들고 두피부터 말리면서 볼륨감을 만들어 준다.
- 롤 브러쉬로 윗쪽 머리를 깔끔하게 정리하면서 드라이 한다.
- 아래의 C 컬 부분은 손가락으로 살짝 말아 주면서 찬바람으로 드라이 한다.
- 소프트 왁스나 에센스로 웨이브 부분을 주먹으로 쥐듯이 올려 주면서 스타일링 한다.

STYLE TIP

cut
뒷 머리가 U라이 형태의 레이어 커트

perm
곱슬인 경우에는 필요에 따라 깔끔한 볼륨매직과 디지털 펌를 믹스

color
차분한 분위기의 다크 브라운 컬러

HAIR STYLING

- 정수리 부분의 모발은 살짝들고 두피부터 말리면서 볼륨감을 만들어 준다.
- 롤 브러쉬로 윗쪽 머리를 깔끔하게 정리하면서 드라이 한다.
- 웨이브 부분은 살짝 말아 손바닥 위에 올리고 찬바람으로 말린다.
- 소프트 왁스나 에센스로 웨이브 부분을 주먹으로 쥐듯이 구겨주고 정리한다.

F

B

R

L

• U라인 레이어 커트 디지털 펌

U라인 레이어 커트 쿠퍼브라운

F

B

R

L

STYLE TIP

cut
세임 레이어로 두상의 라인을 만들면서 그라데이션의 커트로 볼륨감을 살린 보브 헤어스타일

perm
(No perm) 곱슬이 있는 경우 볼륨매직으로 깔끔하게

color
라이트 브라운 계열의 화사하고 밝은 분위기의 컬러 헤어

HAIR STYLING

- 정수리 부분의 모발은 살짝들고 두피부터 말리면서 볼륨감을 만들어 준다.
- 롤 브러쉬로 윗쪽 머리를 깔끔하게 정리하면서 드라이 한다.
- 원형 아이롱으로 모발을 끝부분만 돌려 웨이브를 만들어 주고
- 소프트 왁스나 에센스로 웨이브 부분을 주먹으로 쥐듯이 구겨주고 정리한다.

• 댄디 핀컬 펌

STYLE TIP

cut

심플하고 스타일리쉬한 댄디 이미지를 위한 언더 라인은 짧게 커트하고 앞머리는 반 올백느낌과 오버 섹션은질감 처리 하여 움직임을 살린 기법

perm

짧은 기장에 핀컬펌을 사용 하여 모발끝에 움직임이 자연스럽고 왁스 스타일링이 손쉽게 연출가능

color

오렌지 브라운 컬로로 활동적인 느낌과 부드러운 느낌 동시 연출

HAIR STYLING

- 두피 쪽은 들어서 드라이하면서 볼륨감을 살려준 후
- 위쪽은 쥐듯이 드라이하면서 웨이브를 만들어 주고
- 하드왁스를 손바닥 위에 50원 동전 크기로 적당량 덜어서
- 윗부분을 중심으로 쥐 듯이 가볍게 도포
- 옆쪽 머리는 손가락으로 살짝 눌러주면서 정리하 듯 헤어왁스로 마무리를 합니다.

STYLE TIP

cut
기장은 살리고 전체적으로 가벼운 질감처리로 부드러움을 표현하고 뱅은 사선으로 처리해 입체감을 표현

perm
사이드와 네이프는 내츄럴한 느낌으로 방향감을 살리고 뱅과 탑은 볼륨을 살려 세련미를 연출

color
11톤 오렌지브라운으로 경쾌하면서 피부색을 돋보이게 함

HAIR STYLING

- 우선 드라이로 옆 머리부터 눌러 주면서 드라이하고
- 가스 스프레이나 액상 스프레이를 손가락 끝에 묻혀서
- 구레나룻 끝을 살짝 잡아주며 쓸어내린다.
- 강한 고정력을 원한다면 곧바로 다시 드라이로 말리며 고정한다.

댄디 투블럭 스타일

STYLE TIP

cut

지나치게 층이 나지 않은 자연스러운 댄디한 투블럭 커트

perm

위에는 반곱슬 느낌의 자연스러운 쉐도우 펌

color

다크 브라운 계열의 컬러로 차분하고 자연스운 이미지

HAIR STYLING

- 샴푸 후에 드라이어로 전체적으로 털듯 자연스럽게 말리고
- 두피 쪽은 들어서 드라이하면서 볼륨감을 살려준 후
- 위쪽은 살짝 쥐듯이 드라이하면서 웨이브를 만들어 주고
- 하드 왁스를 손바닥 위에 적당량 덜어서
- 윗부분을 중심으로 좌우로 털듯이 도포한다.
- 옆쪽 머리와 앞쪽 머리는 손가락으로 살짝 눌러주면서 정리하 듯 헤어왁스로 마무리

STYLE TIP

cut

투블럭 커트로 짧은 옆머리와 비대칭라인의 베이스에 슬라이스컷으로 전체적인 모량과 라인 정리

perm

자연스러운 느낌의 깔끔한 볼륨매직

color

소프트한 분위기의 에쉬브라운 컬러 베이스에 하이라이트 믹스

HAIR STYLING

- 손가락으로 정리하듯 옆머리는 뒤쪽으로 방향을 만들면서 드라이한다.
- 소프트 왁스를 500원 동전 크기로 덜어서 손바닥 전체에 고루 펼치고
- 옆 머리는 올백 느낌으로 넘기고 뒷머리는 깔끔하게 내리 듯 왁스를 도포한 후에
- 앞머리는 옆으로 넘기면서 깔끔하게 정리한다.

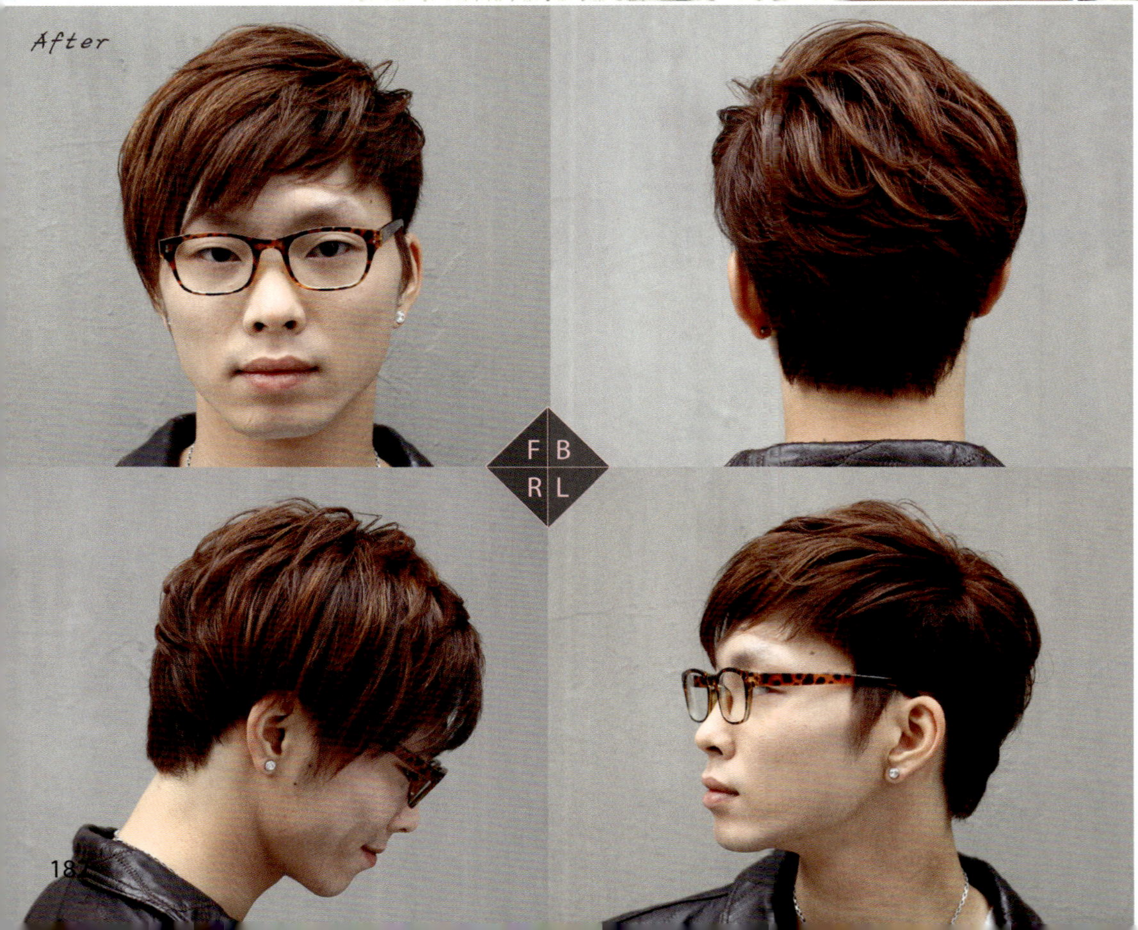

STYLE TIP

cut

투블럭커트으로 옆머리의 필요없는 볼륨감을 없애고 비대칭라인의 베이스에 슬라이스커트으로 전체적인 모량과 랜덤식 라인 정리

perm

투블럭 스타일의 윗부분만 자연스럽게 볼륨매직

color

애쉬브라운 컬러 베이스에 하이라이트로 다발감과 볼륨감 전체적인 실루엣을 엣지있게 연출

HAIR STYLING

- 우선 드라이로 옆 머리부터 눌러 주면서 드라이하고
- 위쪽은 살짝 쥐듯이 드라이하면서 웨이브를 만들어 주고
- 하드 왁스를 손바닥 위에 50원짜리 동전 크기 정도로 적당량 덜어서
- 윗부분을 중심으로 좌우로 털듯이 도포합니다.
- 옆쪽 머리와 앞쪽 머리는 손가락으로 살짝 눌러주면서 헤어왁스로 마무리를 합니다.

댄디볼륨 펌

STYLE TIP

cut

탑 부분과 앞머리는 길이감을 남겨 두고 옆머리와 목 뒷부분은 짧게 해서 볼륨감을 강조한 커트

perm

자연스러운 곱슬처럼 보이도록 큰컬로 윗부분과 앞머리 위주로 와인딩하고 뒷부분에는 윗쪽에만 볼륨감 위주로 펌

color

너무 밝지않는 정도에 자연스러운 애쉬브라운의 원컬러

HAIR STYLING

- 가름마 부분에 볼륨감을 살리기 위하여
- 손가락으로 모발을 들어 두피에서부터 드라이해 주고
- 손가락 사이에도 충분히 바람이 전달되도록 해줍니다.

STYLE TIP

cut

샤프하면서도 와일드한 느낌을 줄 수 있도록 기본 베이스는 투블럭 커트라인의 심플함과 샤프함을 만들고 오버섹션은 랜덤식 질감처리로 에어리감 있는 스타일링이 가능하도록 커트

perm

샤프하면서 와일드한 느낌을 주는 제로펌 스타일로 라인은 다운펌으로 볼륨감이 필요한 부분에는 랜덤식 볼륨펌을 믹스

color

보이는 각도에 따라 컬러감이 틀려보이는 컬러컨셉으로 애쉬한 느낌을 최대한 살린 쿨 애쉬브라운 컬러

HAIR STYLING

- 하드 왁스를 500원 동전 크기로 덜어서 손바닥 전체에 고루 펼치고
- 양 손바닥으로 전체 머리를 올리 듯 하고
- 다시 손가락으로 옆머리는 샤프하게 붙이고 앞머리는 살짝 올리 듯 올백으로 만든다.
- 모발 끝부분을 살짝 꼬아 주 듯 다발감을 만들면서 정리한다.

STYLE TIP

cut

깔끔한 이미지의 투블럭 커트 스타일

perm

반곱슬 (No perm) 모질에 따라서 쉐도우 펌 추천

color

(No color) 다크 브라운 컬러로 깔끔하고 선명한 이미지

HAIR STYLING

- 먼저 가볍게 털 듯이 두피부터 가볍게 말리고
- 옆머리는 뒤쪽 방향으로 넘기 듯 손가락으로 넘기면서 드라이를 한다.
- 컬 부분은 구기듯 드라이를 한다.
- 모발 끝은 손가락으로 컬감을 선명하게 해주면서 무스 왁스로 도포하고 마무리한다.

• 키무타쿠펌

STYLE TIP

cut

이국적인 남성미가 느껴질 수 있도록 앞머리는 조금 긴 레이어로 디자인

perm

내츄럴한 굵은 웨이브 느낌의 볼륨있는 핀컬펌 시술로 볼륨과 자연스러운 흐름을 연출

color

중명도의 스모키 매트로 부드러운 남성미를 강조하였다

HAIR STYLING

- 헤어드라이어를 찬바람으로 선택한다.
- 윗부분의 웨이브 쪽을 살짝 들고 찬바람으로 드라이하면 웨이브의 느낌을 잘 살릴 수 있다
- 왁스는 강한 고정력과 약간의 광택이 있는 세정력 강한 왁스를 준비한다.
- 자연스러우면서도 강한 웨이브의 느낌을 위하여 살짝 웨이브를 쥐듯 스타일링 한다.

STYLE TIP

cut
전체적으로 어쉬메트릭한 포인트는 살리고 베이비 펌을 했을 때 사이드 라인이 너무 무겁거나 볼륨감이 살지 않도록 라인은 투블럭 커트으로 디자인

perm
풍부한 웨이브를 위하여 라인은 핀컬펌 뉘앙스으로 하고 오버섹션 부분은 내츄럴한 그라데이션 베이비펌

color
너무 튀지 않으면서도 개성있는 스위트 오렌지 브라운 컬러

HAIR STYLING

- 베이비 펌의 경우 무엇보다도 자연스럽고 풍성한 볼륨감이 생명!
- 모발을 살짝 들어서 두피부터 말려주고
- 뜨거운 바람보다는 차가운 바람으로 천천히 드라이한다.
- 소프트 왁스를 전체적으로 도포하면서 스타일링한다.

F

B

R

L

• 그라데이션베이비

투블럭 투톤제로 펌

F

B

R

L

STYLE TIP

cut
언더 섹션은 짧게 그라데이션이 될수 있도록 컷하고 오버섹션은 너무 무겁지 않으면서 자연스럽게 커트

perm
제로펌 스타일로 길이에 따라 옆머리는 다운펌과 볼륨펌을 넣어 스타일을 자유롭게 연출

color
8 레벨정도의 매트애쉬 컬러와 매트애쉬 컬러를 투톤으로 해서 투블럭 커트를 강조한 컬러

HAIR STYLING

- 전체적으로 가볍게 털 듯이 말리고
- 손가락으로 모발을 들어 두피 쪽을 드라이하면서 볼륨을 살려준다.
- 하드왁스를 양 손바닥에 덜어서 펼친 후 손가락으로 앞쪽으로 방향감을 만든다.
- 옆머리는 샤프하게 붙이고 모발 끝에 살짝 꼬아주듯 포인트를 만든다.

투블럭 소프트 커트

STYLE TIP

cut
지나치게 층이 나지 않은 자연스러운 투블럭 커트 일본 남자 헤어스타일

perm
위에는 반곱슬 느낌의 자연스러운 쉐도우 펌 일본 남자 헤어스타일

color
다크 브라운 계열의 컬러로 차분하고 자연스운 이미지의 일본헤어컬러

HAIR STYLING

· 샴푸 후에 드라이어로 전체적으로 털듯 자연스럽게 말리고
· 두피 쪽은 들어서 드라이하면서 볼륨감을 살려준 후
· 위쪽은 살짝 쥐듯이 드라이하면서 웨이브를 만들어 주고
· 하드왁스를 손바닥 위에 적당량 덜어서
· 윗부분을 중심으로 좌우로 털듯이 도포한다.
· 옆쪽 머리와 앞쪽 머리는 손가락으로 살짝 눌러주면서 정리하 듯 헤어왁스로 마무리

• 투블럭 반호일펌

STYLE TIP

cut

베이스 디자인을 투블럭의 레이어 커트로 하여 자연스러운 느낌의 커트

perm

모발의 중간 부분을 호일펌으로 디자인 하여 너무 튀지 않으면서도 호일펌의 질감과 볼륨감을 살린 디자인

color

내츄럴한 브라운 계열의 컬러

HAIR STYLING

· 관리가 비교적 간단하므로 드라이로 가볍게 말려주고

· 과하게 뜨는 부분은 손바닥으로 살짝 누르고

· 풍성하게 보이고 싶은 부분은 두피부터 확실하게 드라이한다.

· 선명한 컬을 원한다면 잴 왁스를 선택하여 가볍게 도포한다.

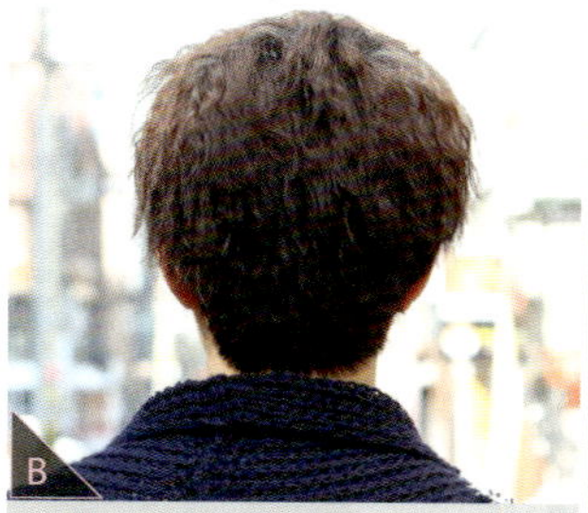

• 투블럭 스카이블루

STYLE TIP

cut

깔끔한 이미지의 투블럭 라운드 커트

perm

(No perm) 아이롱연출. 모질에 따라서 일반파마 추천

color

화이트 애시와 블루+그레이를 믹스한 은은한 하늘색

HAIR STYLING

· 먼저 가볍게 털 듯이 살짝 들어서 두피부터 가볍게 드라이하고

· 평판 아이롱으로 자연스럽게 웨이브를 만들어 준 다음

· 소프트 왁스를 손바닥에 소량을 덜어서 가볍게 털 듯 전체적으로 도포하고

· 다시 손가락으로 정리하듯이 내려주고 모발 끝은 다발감을 만들면서 마무리한다.

• 투블럭 다크 웨이브

STYLE TIP

cut

레이어가 살짝 들어간 깔끔하고 댄디한 느낌의 투블럭 커트 디자인

perm

원래의 곱슬 느낌을 살리면서 조금은 선명한 컬감으로 디자인한 산뜻한 이미지의 웨이브 펌

color

편안하고 쿨한 이미지를 주는 내추럴 블랙 컬러 디자인

HAIR STYLING

· 가볍게 드라이어로 구기듯 말려주고
· 옆머리는 약간 앞쪽으로 방향감을 만들면서 말리고
· 구레나룻 부분은 뜨지 않도록 눌러 주면서 차분하게 내려준 후
· 소프트 왁스로 구기듯 스타일링 한다.

STYLE TIP

cut

와일드하고 거친 짐승남 이미지로 미디엄 기장에 로우 레이어로 층을 조금 내어 무겁지 않게 질감처리한 스타일

perm

불규칙한 웨이브 연출을 위하여 컬링을 믹스하여(믹스펌) 율동감과 볼륨감을 표현하고 공기감을 업한 스타일

color

자연스러운 갈색에 밋밋하지 않게 부분 하이라이트 표현

HAIR STYLING

- 두피부터 전체적으로 드라이를 하고
- 윗부분은 손으로 살짝 쥐면서 뜨거운 바람과 찬바람을 교차 사용하면서 컬을 만든다.
- 하드 왁스를 준비해서 500원짜리 동전 크기로 덜어서 손바닥 전체에 고류 펼친 후
- 전체적으로 털 듯이 왁스를 도포하고 손가락으로 대칭을 보면서 마무리한다.

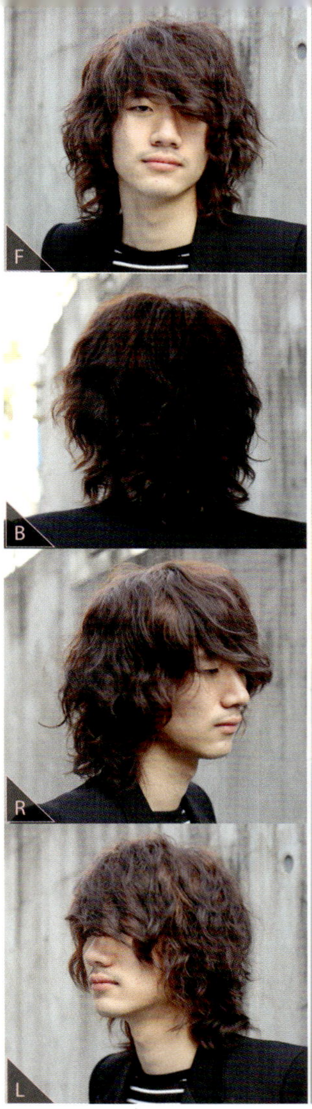

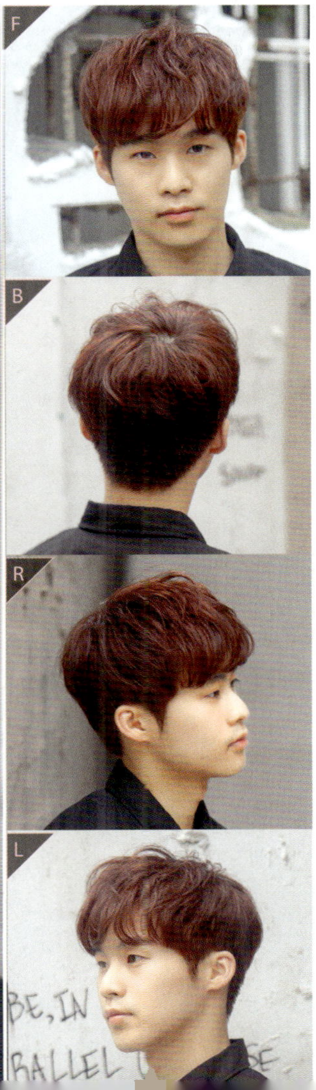

STYLE TIP

cut

자연스러운 투블럭 커트

perm

부드러운 느낌과 운감동이 느껴지는 쉐도우 펌

color

은은한 레드 느낌의 레드브라운 컬러

HAIR STYLING

- 가볍게 주먹으로 쥐듯 드라이어를 하면서
- 옆머리는 약간 앞쪽으로 방향감을 만들면서 말리고
- 구레나룻 부분은 손으로 눌러 주면서 차분하게 내려준 후
- 하드 왁스로 구기듯 스타일링 한다.

• 투블럭 메트 그레이컬러

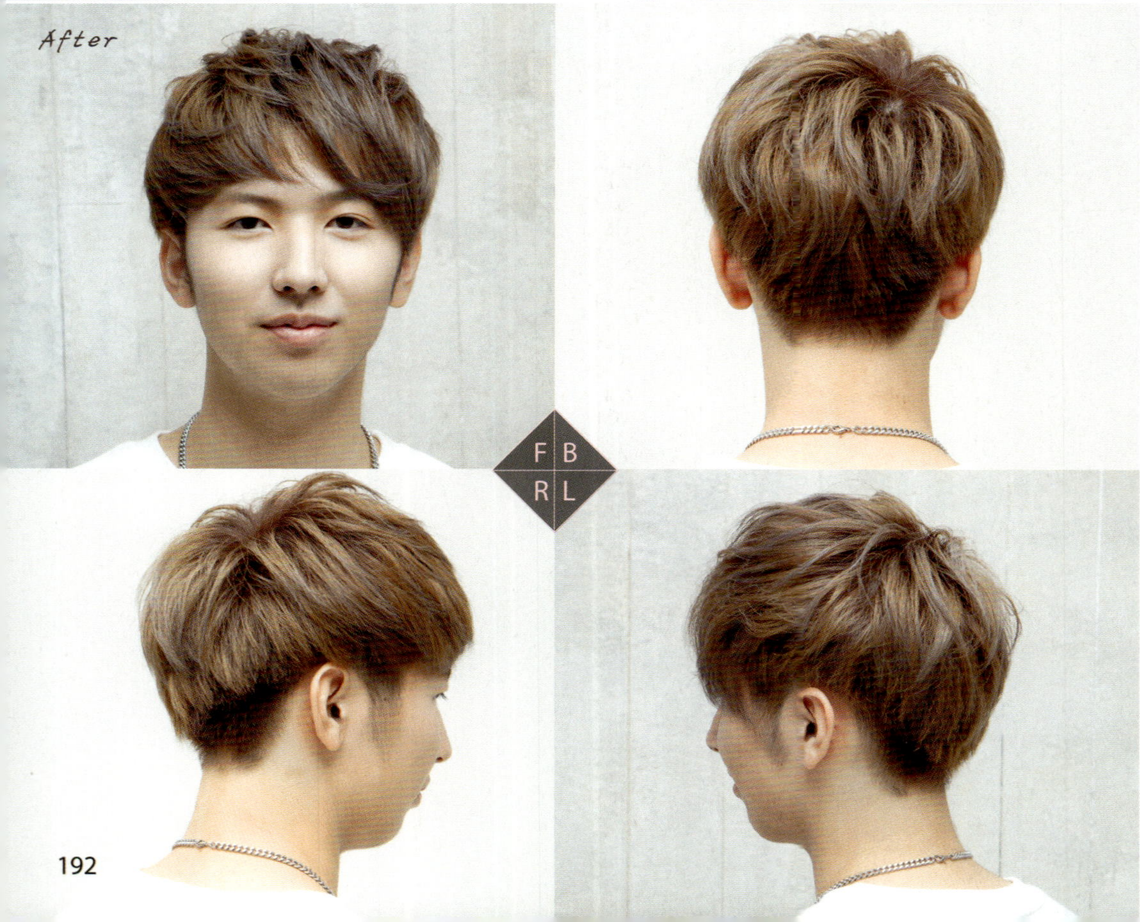

STYLE TIP

cut

자연스러운 투블럭 커트

perm

(No perm) 스타일링으로 연출하였으나 필요에 따라서 볼륨펌

color

베이지 컬러를 베이스로 한 메트한 그레이 컬러를 포인트

HAIR STYLING

- 샴푸 후 (산성 샴푸) 전체적으로 자연스럽게 말리고
- 두피 쪽을 들어서 드라이하면서 볼륨감을 살려준 후
- 웨이브 부분은 찬바람으로 털 듯이 드라이한다.
- 소프트 왁스를 손바닥 위에 500원 동전 크기로 덜어서
- 바깥 부분을 중심으로 좌우로 털듯이 왁스를 도포한다.

STYLE TIP

cut

깔끔한 투블럭 커트

perm

선명한 웨이브에 무스 왁스로 촉촉한 느낌의 컬감

color

(No color) 내츄럴 다크 브라운 컬러로 깔끔한 컬러

HAIR STYLING

- 정수리 부분의 모발은 살짝 들고 두피부터 말리면서 볼륨감을 만들어 준다.
- 웨이브 부분은 가볍게 구기듯 찬바람으로 말려주고
- 무스 왁스로 스타일링하여 촉촉한 느낌으로 마무리를 한다.

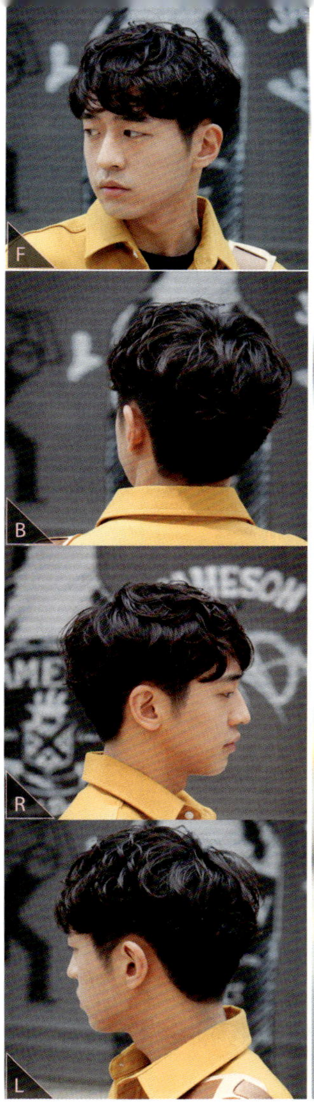

• 투블럭커트펌

• 투블럭웨이브

STYLE TIP

cut

윗부분과 뒷부분은투블럭의느낌을살리면서도쿨한느낌의투블럭 커트

perm

과하지않게 공기감을 주면서 탑부분은 웨이브를 넣어 율동감과 부드러움을 표현

color

소프트 남성이미지 10레벨 애쉬 브라운 컬러

HAIR STYLING

- 샴푸 후 타올드라이를 한 다음 젖은 모발에 에센스를 골고루 발라준다.
- 찬바람으로 웨이브가 컬 그대로 말려지도록 천천히 드라이한다.
- 세팅력있는 왁스를 손바닥에 펴바르고 모발에 가볍게 바른다.
- 손가락에 스프레이를 뿌리고 포인트를 만든다.

• 투블럭 커트 쉐도우 펌

After

STYLE TIP

cut

전체적으로 무거운 투블럭 커트

perm

일반 파마나 디지털 파마로 반곱슬 느낌의 내츄럴 웨이브

color

부드럽고 활동적인 분위기의 라이트 브라운 헤어컬러

HAIR STYLING

- 샴푸 후 (산성 샴푸) 전체적으로 자연스럽게 말리고
- 두피 쪽을 들어서 드라이하면서 볼륨감을 살려준 후
- 웨이브 부분은 찬 바람으로 털 듯이 드라이한다.
- 소프트 왁스를 손바닥 위에 500원 동전 크기로 덜어서
- 바깥 부분을 중심으로 좌우로 털 듯이 왁스를 도포한다.

STYLE TIP

cut

복고적인 머쉬룸 디자인을 현대적인 스타일 감각에 맞게 디자인하여 머쉬룸 라인을 형성하고 있지만 레이어 커트과 슬라이드 커트으로 모발끝을 가늘고 가볍게 연출

perm

평소 스타일 관리와 스타일링이 간편할 수 있도록 가이드 라인을 중심으로 볼륨감없이 끝의 질감을 살리리고 핀컬펌과 탑부분은 볼륨펌으로 네츄럴한 볼륨감을 연출

color

너무 튀지 않으면서도 은은한 9레벨 정도의 레드 브라운 컬러로 너무 차갑지고 부드럽지도 않은 컬러 연출

HAIR STYLING

- 볼륨감을 살리기 위하여 우선 샴푸 후 손가락으로 위쪽 머리를 들어서
- 두피 안쪽부터 말려주고 웨이브의 끝부분은 찬바람으로 살짝 구기듯 드라이하고
- 소프트 왁스를 준비해서 500원짜리 동전 크기로 덜어 손바닥 전체에 고루 펼친 후
- 전체적으로 털 듯이 왁스를 도포하고 손가락으로 대칭을 보면서 마무리한다.

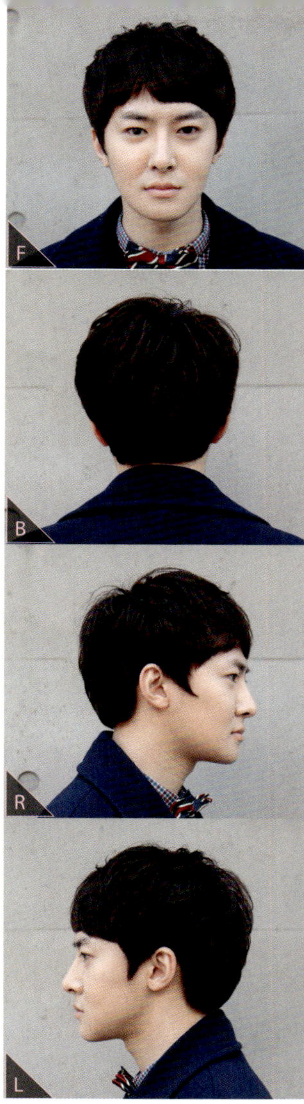

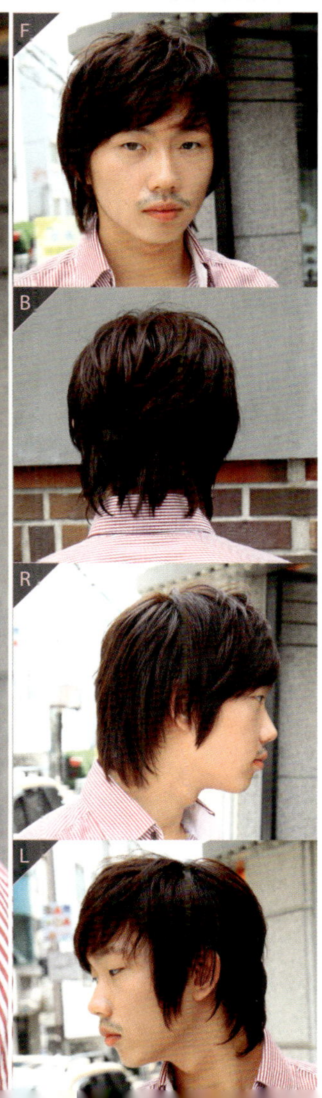

STYLE TIP

cut

너무 무겁게 않도록 무게감을 줄이면서 뒤머리 끝부분을 앞쪽으로 자연스럽게 흘러내릴 수 있도록 울프 느낌의 커트 디자인

perm

깔끔하면서도 자연스런 볼륨감의 볼륨매직에서 윗머리의 방향을 만들어 스타일링이 매우 쉽고 간편하도록 소프트한 볼륨매직으로 디자인

color

너무 튀지 않으면서도 자연스러운 다크브라운 컬러로 조금 멋을 내고 싶은 경우 부담을 줄이며서도 스타일을 살릴 수 있는 컬러 디자인

HAIR STYLING

- 두피부터 전체적으로 드라이를 하고
- 윗부분은 손으로 살짝 쥐면서 뜨거운 바람과 찬바람을 교차 사용하면서 컬을 만든다.
- 하드 왁스를 준비해서 500원짜리 동전 크기로 덜어서 손바닥 전체에 고류 펼친 후
- 전체적으로 털 듯이 왁스를 도포하고 손가락으로 대칭을 보면서 마무리한다.

STYLE TIP

cut

댄디한 느낌을 살리면서 자연스러운 투블럭 커트 헤어스타일

perm

모델의 곱슬 스타일에 왁스 스타일링 (일반 펌으로도 충분히 시술이 가능)

color

메트에쉬를 베이스로 하이-로 브라운을 입체적으로 디자인 한 투블러 컬러

HAIR STYLING

- 두피부터 전체적으로 드라이를 하고
- 윗부분은 손으로 살짝 쥐면서 뜨거운 바람과 찬바람을 교차 사용하면서 컬을 만든다.
- 소프트 왁스를 준비해서 500원짜리 동전 크기로 덜어 손바닥 전체에 고류 펼친 후
- 전체적으로 털 듯이 왁스를 도포하고 손가락으로 대칭을 보면서 마무리한다.

STYLE TIP

cut

어쉬매트리뱅을 중심으로 가벼운 남자 샤기커트

perm

자연스러운 느낌의 샤인 디지털 볼륨매직

color

튀지 않으면서 은은한 매트 브라운 컬러와 하이라이트로 입체감을 줄 수 있는 호일워크 디자인

HAIR STYLING

- 전체적으로 가볍게 털 듯이 말리고
- 손가락으로 모발을 들어 두피 쪽을 드라이하면서 볼륨을 살려준다.
- 윗머리의 볼륨감을 위해 글루브를 23개 정도 말아주고
- 옆머리는 매직기로 커브를 그리면서 안쪽으로 C컬을 만들고
- 소프트 왁스를 전체적으로 도포하면서 스타일링한다.

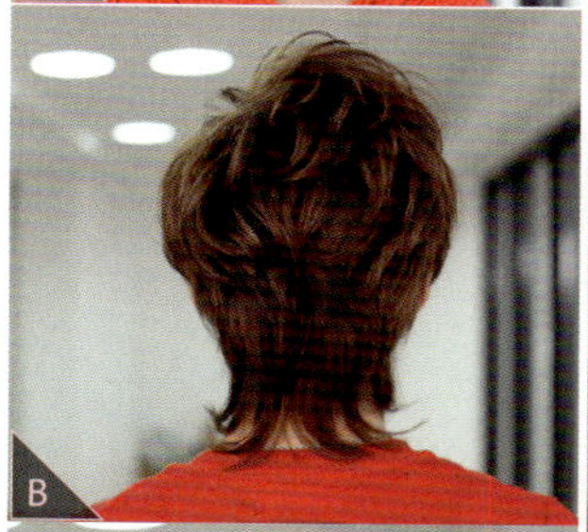

STYLE TIP

cut

무게감을 줄이면서 가볍게 질감처리하여 모발끝에 움직임이 자연스럽고 부드러운 인상을 주는 커트 디자인

perm

앞쪽으로 흐르는 자연스럽고 매끈한 컬감이 포인트인 굵은 웨이브의 큰 파도같은 느낌으로 여성적인 이미지를 살린 웨이브 디자인

color

너무 튀지 않으면서도 소프트한 이미지를 줄 수 있는 애쉬계열의 컬러와 함께 보는 시각에 따라 입체감이 느껴지는 리빙 컬러로 네츄럴한 컬러 디자인

HAIR STYLING

- 헤어드라이어를 찬바람으로 선택한다.
- 윗부분의 웨이브 쪽을 살짝 들고 찬바람으로 드라이하면
  웨이브의 느낌을 잘 살릴 수 있다
- 왁스는 강한 고정력과 약간의 광택이 있는 세정력 강한 왁스를 준비한다. (사용 왁스 : 밀본 프레쥼7번 왁스)
- 자연스러우면서도 강한 웨이브의 느낌을 위하여 살짝 웨이브를 쥐듯 스타일링 한다.

•투블럭 호일펌

STYLE TIP

cut

투블럭의 양감조절 커트로 호일펌의 과대한 볼륨을 적당하게 컨트롤한 커트 디자인

perm

너무 강하지 않도록 리버스와 포워드가 믹싱된 호일펌

color

자연스러운 볼륨감의 텍스쳐가 느껴지는 네츄럴 브라운 컬러

HAIR STYLING

· 관리가 비교적 간단하므로 드라이로 가볍게 말려주고

· 과하게 뜨는 부분은 손바닥으로 살짝 누르고

· 풍성하게 보이고 싶은 부분은 두피부터 확실하게 드라이한다.

· 선명한 컬을 원한다면 잴 왁스를 선택하여 가볍게 도포한다.

STYLE TIP

cut

앞머리의 기장을 살리고 네이프부분은 타이트하게 볼륨감을 억제하여 머리를 기르기 편하게 커트

perm

볼륨감과 자연스러운 흐름을 주기 위해 내츄럴펌과 핀컬펌으로 연출

color

검은 모발을 살리거나 딥 퍼플 느낌이나므로 개인 이미지에 따른 컬러로 연출이 가능

HAIR STYLING

- 두피부터 전체적으로 드라이를 하고
- 윗부분은 손으로 살짝 쥐면서 뜨거운 바람과 찬바람을 교차 사용하면서 컬을 만든다.
- 하드 왁스를 준비해서 500원짜리 동전 크기로 덜어서 손바닥 전체에 고루 펼친 후
- 앞머리는 살짝 내리고 전체적으로 털 듯이 왁스를 도포, 손가락으로 대칭을 보면서 마무리한다.

STYLE TIP

cut

앞머리는 길게 남겨서 사이드의 턱 라인에 맞추고 전체적으로 low레이어의 남성 보브 스타일

perm

일반펌 굵은 롯트로 포워드와 리버스를 교차로 와인딩하여 다음 자연스럽고 뻗치는 웨이브 느낌 연출

color

Vivid 레드바이올렛 컬러로 세련되고 신비로운 느낌 연출

HAIR STYLING

- 전체적으로 가볍게 털 듯이 말리고
- 손가락으로 정리하듯 옆머리는 뒤쪽으로 방향을 만들면서 드라이한다.
- 소프트 왁스를 500원 동전 크기로 덜어서 손바닥 전체에 고루 펼치고
- 옆 머리는 올백 느낌으로 넘기고 뒷머리는 구기듯 왁스를 도포한 후에
- 모발 끝부분을 살짝 꼬아 주 듯 다발감을 만들면서 정리한다.

Q&A

샴푸! 아침보다 저녁이 좋다?

헤어 상식 궁금증은

여기서 해결!

01 샴푸 아침보다 저녁이 좋다?

당신은 샴푸를 언제 하시나요?

보통의 경우라면 아침에 세수하면서 샴푸를 하고 스타일링을 하고 외출을 하게 되죠.
아마도 보이기 위한 샴푸이기 때문일 텐데요..

샴푸의 가장 기본적인 기능은 '세정' 이라는 측면에서 본다면
'아침' 보다는 '저녁'이 더 좋다고 합니다.

▶ 아침보다 저녁이 좋은 이유
아침에 스프레이나 왁스 등을 바르고 하루종일 생활을 하면 스타일링 제품이 조금씩 흘러 두피에 닿기도 하고 공기중에 미세한 먼지가 모공을 막을 수 있고 땀과 유분이 두피를 덮고 모공을 막아 탈모의 직접적인 원인이 됩니다. 탈모뿐만 아니라 두피질환에 원인이 될 수도 있죠.
그렇기 때문에 외출 후 잠자리에 들기전에 샴푸를 하는 것이 좋습니다.

▶ 저녁 샴푸 후 아침에는
저녁에 샴푸를 했다면 아침에는 미온수로 헹구시고 린스나 트리트먼트로 가볍게 샴푸를 해주시고 스타일링 제품은 가급적 과도하게 사용하지 마세요. 물론 지성인 분들이면 가볍게 샴푸를 사용하는 것도 좋겠죠.

▶ 샴푸 전 준비운동!
샴푸의 거품은 모발사이에 공기감을 만들어 모발끼리의 마찰을 줄여 엉키지 않도록 하는 기능이 있습니다. 모발끼리 마찰을 하면 모발 표편이 손상되므로 샴푸전에 굵은 빗으로 가볍게 빗어주는 것도 좋습니다. 이때 빗은 모발에 치명적인 정전기를 없애기 위해 나무빗을 사용하세요.

02 1년 동안 머리카락은 얼마나 자랄까

머리카락은 우리가 살아있는 동안뿐만 아니라 죽어서까지도 계속 자라난다고 합니다.
성인의 평균 모발 성장속도는 1일 평균 0.350.4㎜ 정드라고 합니다.
사람에 따라서 달라지겠지만 보통 한 달에 1 1.5 cm정도 자란다고 할 수 있는데요.

그렇다면 머리카락을 자르지 않고 계속 기르면 어떨까요?
20년에 0.35 X 365일 X 20년=255.5㎝가 되고 약 2.5m가 되네요.
그러나 '헤어 사이클'이라고 하여 마치 동물의 털갈이처럼 수년에 한 번씩 머리카락이 자동적으로 빠지고 다시 나게 되는데 남자는 35년, 여자는 46년 정도 한 번씩 이런 사이클이 만들어 집니다.
그러니까 20년을 계속하여 기른다고 해도 기껏해야 7080㎝ 길이박에 되지 않습니다.

물론 예외는 언제나 존재 하겠지요?
기네스 북에 세상에서 가장 머리긴 사람으로 노미네이트된 다이언 비트라는 여성의 머리길이는 무려 3m 60cm라고 하는데요, 일반적으로 '헤어 사이클'에 비교하여 본다면 과학적으로 거의 불가능에 가까운 일이라고 할 수 있는 신기한 현상입니다.
동물과 사람이 다른 점은 같이 털갈이를 하는데 동물은 한꺼번에 털이 다 빠지고 새로 나지만 사람은 머리카락 하나하나에 털갈이 주기가 틀려 하나씩 빠지게 된답니다.
동물같은 털갈이 방식이라면??? 몇 년에 한번씩 모두 스킨헤드가 되겠죠??

03 머리카락은 하루에 어느정도 빠지는가?

머리카락은 1일 평균 60100개 정도 빠지는 것이 자연스럽다고 합니다.
이것도 계절 등에 의해 변화되고 12,1,2월 등의 겨울은 비교적 탈모도 적고 초가을의 9,10월 정도는 상당히 탈모가 증가 하는 계절이 됩니다.
산후 갑자기 탈모가 증가하는 것은 임신중에 여성 호르몬이 증가하고 일시적으로 탈모수가 감소하지만 산후 여성 호르몬이 정상적으로 돌아온 때에 단숨에 빠지고 떨어지는 일이 있습니다.
따라서 샴푸할 때 등 머리카락이 많이 빠진다고 그렇게 걱정할 필요는 없고 반대로 너무 지나친 걱정을 하는 것은 정신적인 스트레스로 인한 탈모를 일으킬수가 있으니 조심하세요.
또한 지나친 다이어트로 인한 탈모도 무시할수 없으므로 무리한 다이어트는 피하시는게 좋겠죠?
만약에 이상 탈모의 가능성이 있는 경우는 의사와 상의하는 것이 좋습니다.

04 머리가 빨리 자라는 방법

일단 모발은 생리적으로 한달에 약1센치 정도 자라고 1년에 12센치정도가 자랍니다.
수명은 약56년 정도 되고 그 기간이 지나면 자연 탈락이 됩니다.
우리가 보통 샴푸하거나 빗질할때 자연스럽게 빠지는것이 수명이 다해서 빠지는 거라고 생각 하시면 됩니다 .

모발은 끝이 자라는것이 아니고 뿌리(모근)에서 만들어져 위로 밀려 올라갑니다.
그래서 튼튼하게 자라게 할려면 두피 트리트먼트를 자주해주는 것이 좋아요.
즉, 두피 트리트먼트를 잘하는것은 일단 두피를 깨끗하게 하는 샴푸가 우선이 됩니다
트리트먼트가 침투할 모공이 이물질(때)등으로 막혀있으면
영양제가 잘 침투하지 않아 효가가 떨어지게 됩니다.
그러므로 깨끗이 해주고 두피 트리트먼트제를 바르고 마사지를 잘 해주면 두피의 혈행이 촉진됩니다.
그리고 나서 스팀타올(따뜻한 물수건으로 잘 감싸서 510분정도)두었다가 행구어 주면 좋습니다.
음식도 모발에 좋은 단백질류 음식이나 해조류(콩,두부,우유,미역,다시마...)같은 음식을 섭취하면 효과를 볼수 있습니다.

단, 이 방법은 모발이 자라는 속도를 23배로 올리는것은 절대 아닙니다.
하지만 기간을 가지고 꾸준히 한다면 건강한 모발을 위한 좋은 습관이 될 수 있을 겁니다.

05 집에서도 윤기나게 드라이 하는법

첫째! 물기를 수건으로 잘 말리되 비비지 말고 모발을 수건으로 감싼상태에서 톡톡 두드린다.
둘째! 드라이어의 강한 바람으로 34센치를 띤 상태에서 말린다.
이때 모근쪽 먼저 말려준다.(모근을 먼저 말리면 비듬이 생기는 것을 방지하고 물기를 모발 끝으로 보내기 때문에 모발을 말리는데 시간이 절약 됩니다)
자신의 모발이 뜨는 머리라면 절대 고개를 숙여서 말리지 말아야 하고 가라앉는 머리라면 고개를 숙여서 모근쪽에 바람을 주어서 약간 뜨게 만들어 준다.
셋째! 어느정도 말라서 손으로 만져졌을때 약간 차가운 기가 있다면 뜨거운 바람을 차가운 바람으로 바꾼후 완전히 말려준다.
넷째! 스타일링 제품을 사용해 잔머리 혹은 그외의 스타일링을 해주면 된다.

06 모발상태에 따른 집에서도 간단히 할수 있는 헤어팩

▶기름기 많은 지성모발은 = 달걀흰자 + 헤어오일
달걀 흰자를 잘 저어 거품을 충분히 내 모발에 골고루 바른 다음 헤어 오일을 손바닥에 덜어 머리에 바른다.
스팀 타월로 감싸고 비닐 캡을 쓰고 있다가 15분 후 따뜻한 물로 깨끗하게 감는다.
다시마 +귤+ 맥반석
냄비에 다시마와 귤 껍질 말린 것을 넣고 잠깐 동안 끓인다.
끓으면 바로 불을 끄고 그대로 15분쯤 우 려내 체에 걸러 식힌 다음 맥반석 분말을 섞어 골고루 섞이도록 잘 저어준다.
바르기 좋은 정도로 잘 섞이면 두피에 바르고 10분 정도 두었다
헹구는데 이때 사과 식초나 레몬 즙을 약간 섞어 헹궈주면
머리결도 좋아진다.
▶기름기 없는 건성모발은 = 린스 + 올리브오일 + 우유
린스로도 머리가 부드러워지지 않으면 올리브 오일을 몇 방울 쓰면 효과가 좋다.
윤기 없어진 머리에 올리브 오일이 생기를 불어넣어 주는데
헹굴때는 미지근한 물로 깨끗하게 헹궈내 야 한다.
떠먹는 요쿠르트와 오일을 섞어 사용해도 푸석푸석한 머리에 영양과 보습을 더해 줄 수 있다.
▶끝이 상한 머리에는 = 달걀 노른자 + 기름 + 과일식초
머리 감기 전 노른자 1개, 기름2스푼, 과일식초 3-4방울을 섞어 머리에 바른 후 비닐 캡을 쓰고 있는다.
20분 정도 후에 따뜻한 물에 깨끗하게 감는다.
▶힘없고 가늘어진 머리는 = 마요네즈+영양크림
힘없고 가는 머리에는 영양 보충과 함께 PH 조절도 동시에 할 수 있는 마요네즈가 좋다.
그릇이나 용기에 마요네즈와 쓰다버린 영양크림 등을 잘 섞어 머리카락에 골고루 바른 후
30분 정도 비닐캡을 쓴 후에 미지근한 물로 헹궈낸다.
단 두피가 지성인 사람은 두피에 닿지 않게 손상된 머리카락 에만 바른다.

07 흑인 머리카락은 왜 모두 곱슬일까?

흑인들의 머리는 왜 전부 곱슬머리(고수)일까.
이같은 궁금증에 대한 해답은 기후에서 찾을 수 있다.
열대의 기후는 연평균 기온이 섭씨 25도가 넘을 정도로 무덥다. 말하자면 여름밤의 열대야가 연중 계속되고 한여름 오후 2시경의 강한 햇볕이 매일 계속되는 정도로 표현할 수 있다.
이런 상태에서는 당연히 체온이 쉽게 상승한다.
따라서 이런 환경에서 살아남기 위해서는 어떻게 하든지 체온이 상승하는 것을 막아야 하는데, 그 한가지 방법이 곱슬머리다.
곱슬머리는 강하게 내려쬐는 햇볕을 차단하고 빨리 체열을 공기 중으로 내보내는 기능을 담당한다.
우리가 걸을 때 가장 먼저 햇볕을 받는 곳은 머리다.
이 머리를 보호하기 위해 흑인들은 곱슬머리를 갖게 된 것이다.
곱슬머리는 공기구멍이 많은 스펀지같아 단열재의 역할을 한다.
곱슬머리는 태양광선이 머리 피부에 도달하지 않도록 한다.
또 공기가 잘 통하기 때문에 머리 피부에서 나오는 땀을 효과적으로 증발시켜 머리를 빨리 냉각시킨다.
물론 피부의 땀샘 숫자도 500만개로 온대지방 사람들의 두배 정도가 된다고 한다.
실제로 더운 중동지방 사람들은 차도르라고 불리는 옷으로 전신을 휘감고 다닌다.
이는 전통적인 의미도 있지만 한편으로는 햇볕이 너무 강렬하기 때문에 긴옷을 입는 것이 오히려 체온 손실을 막는데 효과적이기 때문이다.

08 샴푸 이젠 알고 하자

1. 두피와 모발 상태에 따른 샴푸 선택
두피가 지성, 건성, 또는 비듬이 많은 상태 등을 수시로 확인하여 본인에게 맞는 제품을 선택하는 것이 중요합니다.
2. 애벌세척
따뜻한 미온수(32도 정도)만을 이용하여 헹구어 줍니다. 이것으로 수용성의 더러움을 물로 제거하는 것으로 샴푸의 사용량도 줄일 수 있어 매우 효과적 입니다.
3. 첫 번째 샴푸
적당량의 샴푸를 500원 동전 크기정도로 덜어 두피, 모발에 가볍게 비비면서, 첫 번째 샴푸를 실시한다.
4. 부족 시 두 번째 샴푸
만약에 세정이 부족하다 싶다면 2번째 샴푸는 1회째의 약 반 정도 양의 샴푸를 사용하여, 충분히 두피, 모발을 마사지 하되 손톱을 세우지 않도록 하며, 지문 쪽으로 부드럽게 문지르듯 마사지하며 샴푸를 합니다.
5. 헹굼
마지막으로 헹굼은 물을 담아 사용하는 것 보다는 충분한 수압으로 40℃ 전후의 따듯한 물로 깨끗이 헹구어주는 것이 좋습니다. 수압으로 인하여 모공 속에 노폐물이 제거되고 수압 마사지를 하는 효과가 있기 때문입니다.
6. 린스 또는 트리트먼트
린스나 트리트먼트를 소량 모발, 두피에 도포하고, 물로 살짝 헹군 다음, 타월로 닦아 내줍니다. 타월을 사용할 경우에도 모발을 누르듯이 수분을 제거하여야 하며, 모발끼리 너무 마찰되지 않도록 합니다.

09 머리카락에 껌이 묻었어요! 어떻게 해야 하나요?

가장 많이 알려진 방법은 헤어무스를 이용해서 떼는 방법이 있습니다.
헤어무스는 내부에서 분출하면서 온도가 급격히 낮아지고 헤어무스의 액상거품이 껌을 감싸면서 함께 온도를 떨어 뜨려 순간적으로 껌을 냉각시켜 응축됩니다.
그러면서 모발에 붙어있는 힘이 약해질 때 떼어 내면 됩니다.

최근에는 무스를 사용하지 않으신 분들이 많아 무스가 없으시다면 아세톤(손톱의 매니큐어 지우는 약)을 껌에 묻혀 녹이면서 떼어내는 것이 더 효과적일 수 있습니다.

10 머리카락, 삭발하면 굵어진다???

머리카락은 모근(두피 부분)부의 굵기가 굵기 때문에 머리카락이 굵게 보이는 것 뿐 입니다.
머리카락이 자라나면서 그 끝부분은 다시 얇아져 원래와 같은 굵기가 되는 것이죠.
마치 나무의 뿌리 부분과 가지부분의 모양과 같다고 해야할까요?

그런데 머리카락과 턱수염의 굵기는 나이와도 관계가 있답니다.
턱수염, 머리카락이 가장 굵은 시기가 다른데요.
턱수염의 경우에는 50대가 피크로 가장 굵고 나이가 먹으면 가늘어지게 되지만, 머리카락의 경우에는 20세가 가장 굵게 나옵니다.
턱수염의 경우에도 모발과 마찬가지로 그 끝이 모근보다 가늘기 때문에 깎으면 굵은 모근쪽이 표면에 나타나므로 더 굵게 보이겠죠?

11 탈모의 원인과 증상

최근 외모에 대한 중요성이 점차 높아지면서 여성은 물론 남성도 외모를 가꾸는데 많은 노력을 기울이고 있다. 하지만 외모에 대한 평가가 높아질수록 흔히 대머리로 불리는 남성형 탈모 환자의 고민이 깊어질 수밖에 없는 것이 현실이다.

▶원인

남성형 탈모의 주요 원인은 남성호르몬. 지난 42년 해밀턴이라는 학자가 사춘기 전에 거세돼 남성호르몬 분비가 안되는 환자의 경우 탈모가 발생하지 않는다는 사실을 밝혀냄으로써 남성호르몬이 탈모의 중요 원인으로 밝혀졌다.

하지만 남성호르몬이 어떻게 탈모와 관련이 있는 지는 최근에야 유전자와 남성호르몬 구조연구를 통해 알려지기 시작했다.

탈모는 안드로겐과 유전적 소인이 주요 원인이며 환자에게 남성호르몬이 특히 많아서가 아니라 나이가 들면서 안드로겐에 대한 감수성이 증가해 탈모가 진행된다.

안드로겐성 탈모증이 발생하기 위해서는 테스토스테론이라는 남성호르몬이 피부에서 DHT로 전환돼야 한다. 사춘기 이후에는 혈청 내 테스토스테론이 증가하고 모낭 내에서 대사가 일어나 안드로겐성 탈모증이 발생한다.

안드로겐성 탈모증이 유전성 질환이라는데는 이견이 없지만 정확한 유전방식은 아직 밝혀지지 않고 있다.

탈모를 악화시키는 요인으로는 대사장애, 내분비질환, 스트레스, 환경변화, 수술.약물치료 등이 있으므로 원인을 찾아 교정하는 것이 필요하다.

▶발생시기와 유형

탈모는 대부분 중장년에 발생하기 때문에 20대에 탈모가 시작하면 대부분의 환자가 많은 걱정을 하곤한다.

하지만 남성형 탈모증은 체내에 남성호르몬이 증가하는 사춘기 이후면 어느 때나 찾아올 수 있다. 심한 경우 십대후반에 탈모가 나타나기도 한다.

탈모는 대부분 양쪽 이마 끝의 헤어라인을 파고 들어 M자형으로 시작한다. 양쪽 끝의 파인 부분이 점점 더 깊어지며 가운데 부분에서 합쳐지고뒤로 진행하는 경과를 밟는다.

우리나라 사람은 서양인과 비교해 탈모증 발병률이 적을 뿐 아니라 탈모유형도 심하지 않다. 모발은 일정한 주기로 성장 및 휴식을 반복한다.

쉬는 시기에 접어들면 모발은 일단 빠졌다가 다시 자란다. 따라서 하루 5060개가 빠지는 것은 정상이다.

▶증상

의학적으로 하루 100개 이상 빠지면 일단 남성형 탈모로 진단하지만 단지 숫자만으로 정확하게 판단하는 것은 어렵다.

탈모의 진행원리에 따라 굵고 긴 성모에서 가늘고 연약하며 짧은 솜털(연모)로 바뀌는 현상이 눈에 보이면 남성형 탈모가 진행되고 있는 것으로 봐야 한다.

탈모는 어느날 갑자기 머리가 빠지는 것은 아니며 시간을 두고 서서히 진행한다. 탈모의 근본적인 원인은 유전으로 유전인자는 친가 뿐 아니라외가에서도 올 수 있으며 우성유전을 한다. 유전인자가 있다고 해서 모두 대머리가 되는 것은 아니며 개인마다 탈모가 일어나는 정도는 다르다.

대부분 한 세대를 걸쳐 유전이 되지만 23세대를 건너서 유전되는 일도 있다. 이 때문에 가족 중에 대머리가 없어도 자신이 대머리가 될 수도 있다.

12 생리때는 펌를 하지마라???

이것도 속설입니다.

그렇지만, 생리중이나 생리 직전엔 펌를 하는 것을 피하는 것이 좋습니다.

이유는 생리 중이나 생리 전에는 호르몬의 밸런스가 무너져 피부가 과민성으로 되어 있기 때문에,

펌액의 강한 자극은 민감해진 피부에 트러블이 발생할 수 있습니다.

염색에 대해서도 같습니다.

13 올바른 린스 사용법

아름다운 모발을 간직하기 위한 첫째 조건은 올바른 방법의 세발과 알맞은 샴푸 및 린스의 선택이며 모발이 더러워지기 전에 자주 세발하고 손질하는 것이다.
더러운 모발은 비듬 ·탈모의 원인이 되며 여드름 ·부스럼 등 피부병의 원인이 되기도 한다.

세발의 순서는 맨 처음 브러싱을 하여 모발에 붙은 먼지와 때를 떨어내고, 40 ℃ 정도의 더운 물로 모발을 골고루 씻은 다음에 샴푸를 적당히 바르고 가볍게 문질러서 거품을 낸 후에 맑은 물로 여러 번 헹궈 거품을 없애고 다시 샴푸를 바르는데, 이번에는 두피를 중점적으로 씻기 위하여 양손으로 머리 전체를 마사지해주고 빗으로 빗어내린다.
맑은 물로 말끔히 씻어내고 린스를 하는데, 그 목적은 세발 후 모발을 엉키지 않게 하고 남은 샴푸의 알칼리 성분을 중화시키는 데 있다.

린스에는 보통의 머리에 사용하는 산성 린스, 금발이 사용하는 오일 린스, 어떠한 머리에나 사용할 수 있는 플레인 린스가 있는데, 알맞은 린스를 선택하도록 하고, 머리에 고루 발라 가볍게 비벼서 모발에 잘 스며들게 한다.
린스가 끝나면 더운물로 23회 잘 헹구고 손으로 물기를 짜낸 다음 마른 타월로 물기를 닦아내어 80 % 정도 마르면 드라이어로 말린다.
이 때 드라이어를 너무 가까이에 대면 모발이 지나치게 건조해지고 끝이 상하기 쉬우므로 주의해야 한다.
마지막으로 헤어크림이나 헤어토닉을 바르고 두피를 가볍게 마사지한 다음 골고루 브러싱을 한다.

14 건강 Q&A / 머리염색후 눈이 침침해져

한 달에 한 번 정도 머리를 검게 물들이는 노인들이나 자주 머리 색깔을 바꾸는 젊은 사람 중에는 머리 염색을 하면 눈이 침침해진다고 호소하는 경우가 있다.

물론 염색을 한다고 해서 시력이 저하되지는 않는다.
그러나 간혹 염색약에 소량 들어있는 암모니아 성분은 휘발성이 강해 눈을 자극할 수 있고,
이로인해 일시적으로 눈이 침침하거나 따끔거릴 수 있다.

그것보다 염색을 할 때 가장 주의해야 할 것은 염색약이 실수로 눈에 들어가는 경우이다.
염색약이 각막에 상처를 입힐 수 있고, 두통·시력 저하·결막염 등을 야기할 수 있다.
따라서 염색약이 눈에 들어가면 즉시 흐르는 물로 눈을 씻어내야 하며, 통증이 없어도 각막에 상처가 생길 수 있으므로 안과를 찾아야 한다.
이런 부작용을 예방하기 위해서는 염색을 하는 동안은 눈을 감고 있도록 하고, 염색 후에는 생리 식염수로 눈을 예방적으로 세척해준다.
최근에는 암모니아 성분이 없는 염색약도 시중에 나와 있으니, 민감한 눈을 갖고 있다면 이런 제품을 이용하는 것이 바람직하다.
한편, 젊은층에선 머리카락 염색 뿐 아니라 속눈섭까지 염색을 하기도 하는데, 이 경우 염색약이 눈에 들어갈 우려가 높다.
또한 두피보다 피부가 민감한 얼굴 부위의 눈가나 입가에 염색약이 묻을 수 있어 속눈썹 염색은 되도록 삼가는 것이 좋다.

15 머리를 감는 방법이 정말 중요합니다.

일단 샴푸의 거품을 나게 하는 성분은 계면활성제라는 물질로 우리 피부에 좋지 않게 한다. 거품이 많이 난다고 절대 좋은게 아니니까 샴푸는 소량만을 사용한다. 샴푸를 먼저 손에 덜어서 물을 약간 묻힌 후 손에서 먼저 거품을 충분히 내준다.
두피 부분은 손가락으로 지그재그 가볍게 마사지 해주고 머리결 자체가 아래쪽으로 생선 비늘같은 조직으로 되어있기 때문에 반대 방향으로 자극을 주거나 비비면 많이 손상되니까 결에 따라 아래 방향으로 손가락빗으로 빗듯 쓸어준다. 뭉쳐서 비비면 안된다.
젖은 상태에선 빗질을 하지 않으며 수건으로 닦을 때도 비비지 않고 톡톡 두드리듯 물기를 닦아준다. 젖은 상태에서 너무 뜨거운 바람을 쐬거나 너무 추운 곳에 나가면 심하게 약해진다.
드라이어로 말려주시되 20cm 이상 띄워서 뜨거운 바람 / 찬 바람 교대로 말려준다.
트리트먼트를 일정 기간을 두고 지속적으로 해주어야 하는데,
이때도 바로 헹구지 않고 마사지 한 후 3-5분 정도 방치한다.
그리고 머리 감는 물도 정말 중요하다.
수도물을 두세시간 받아놓은 후 감으면 확실히 머리결이 다르다.
수돗물에는 소독약인 염소를 비롯해 수도관에서 녹아나온 불순물들이 많아서 염소는 특히 수분을 빨리 증발시키고 단백질을 파괴한다.
한번은 미친 척하고 정수기 물로 머리를 감아도 효과를 볼 수 있으며 비타민C 샤워기라는 걸 사용해보면 일단 비타민C가 염소를 몽땅 없앨 수 있다.
물에 비타민C를 녹여 단백질 합성을 돕기 때문에 확실히 효과를 볼 수 있다.
젖은 상태에서 자면 마찰이 커져서 쉽게 상하므로 꼭 말리고나서 잠자리에 드는 것이 좋다.

16 옛날에는 펌를 어떻게 했을까?

일반적으로 펌를 할 때에는 흔히 말하는 1액을 발라 머리카락의 내부 연결고리를 끊고 롯트를 말아 모양을 만든 다음에 2액을 도포해서 다시 머리카락의 내부 연결고리를 이어 고정하는 방식으로 진행하게 됩니다. 그렇다면 아주 먼 옛날 펌약이 없을 때는 어떻게 했을까?
문헌이나 기타 자료에 따르면 최초의 펌와 흡사한 것이 이집트의 소수 상류층에서 이루어졌는데, 그 방법은 나무 막대기에 머리를 말고 거기에 진흙을 발라서 햇빛에 말렸다고 한다.
머리카락에 웨이브를 만들 수 있는 세 가지 요소는
첫째. 적당한 온도, 둘째. 알카리성(또는 유사한 화학적 반응을 유발하는 항목), 셋째. 일정 시간이다.
여기서 첫 번째에 적당한 온도는 햇볕이 될 것이고, 두 번째 경우는 진흙, 세 번째 일정시간은 말리는 동안 시간이 흐르는 것으로 생각하면 될 듯 하다. 즉, 몇 천년 전에 했었던 펌 방법도 결국은 위의 세 가지 조건과 다를 바 없었던 것이니 예뻐지고 싶은 여자들의 욕망은 수 천년의 역사를 지녔다 할 수 있겠다.
그 후 중세에 이르기까지 여자들의 머리모양의 변화에 대한 갈망은 계속 되었는데, 지금과 같은 펌약이 없었던 때에는 알카리 용액과 함께 아주 고열을 이용한 펌, 일명 불(열)펌가 유행하였고 1950년대 초 우리나라에서도 시작되었는데 전기를 사용하는 열을 사용하기도 했지만, 당시에는 전기가 흔하지 않았으므로 작은 숯 덩어리를 양철기구에 넣어 그것으로 모발을 달구어 펌 웨이브를 만들어 냈다고 한다. 이것은 아마도 우리 부모님 세대에서 한 번쯤 해보셨을 만한 것으로 현재 펌의 역사가 그리 오래된 것은 아닌것 같다.

17 찌릿찌릿-헤어정전기 탈출법

건조해졌다 싶으면 어김없이 찾아오는 정전기.
스웨터를 입을 때, 머리를 빗을 때 마치 전기구슬을 만진 것처럼
찌릿찌릿 서는 머리!
정말 성가신 정전기 없애는 좋은 방법은 없을까?

▶헤어정전기가 왜 생기는가???
" 겨울철에는 차갑고 건조한 공기 때문에 모발 역시 건조해진다. 모발이 건조해지면 모발 외부의 화학적 성질이 불균형을 이뤄 정전기가 발생하게 되는 것."
▶정전기 퇴치 작전
① 머리에 충분한 영양을 주자.
샴푸 후엔 반드시 컨디셔너를 이용해 씻겨 나간 영양분을 보충해주어야 하는데, 특히 신경 써야 할 부분은 너무 뜨거운 물로 감지 않는 것.
머리카락의 피지 분비가 줄어드는 겨울철에는 뜨거운 물로 머리를 감으면 영양분을 지나치게 씻어내기 때문에 정전기가 무섭다면 따뜻할 정도로 머리를 감자!
② 타올로 톡톡 머리말리기!
머리를 말릴 때에는 머리카락을 비비지 말고 타월로 톡톡 두드려 마찰을 최대한 피한다.
타월 드라이 한 후, 에센스를 전체에 골고루 뿌려준 뒤 손으로 빗어주면 정전기가 많이 없어진다.
③ 드라이 하기 전에 헤어로션 바르기
드라이 할 경우엔 헤어 로션이나 세럼을 먼저 바른다. 바른 후 안쪽에서 바깥쪽으로 드라이해 주어야 정전기가 많이 나지 않는다. 이렇게 했는데도 정전기가 생기면 유분을 함유한 스프레이를 살짝 뿌리자. 브러시로 살살 빗으면서 드라이하면 훨씬 자연스럽게 찰랑거릴 수 있다.
④ 수시로 빗질 하는 건 금물
빗질을 할 때는 모근부터 머리카락 끝까지 한 번에 빗어 내리지 않도록 주의하자. 엉킨 머리를 풀어 주는 것도 중요하지만, 정전기 많은 겨울에는 수시로 빗질해 주는 건 좋지 않다. 혹시 플라스틱빗을 사용하고 있다면 이젠 그만!
⑤ 스웨터 입을 때는 머리 마르기 전에…
옷을 입을 경우에도 나일론이나 폴리에스테르가 정전기를 유발한다. 완전히 머리가 마른 상태에서 풀오버 스웨터를 입는 것보다는 2/3정도 말린 상태에서 입는 게 좋다.

18 동양인의 머리는 색깔이 잘 안 빠지고 염색이 잘 안 되는 이유는?

동양인의 머리는 흑모(검은 머리)이기 때문이다. 대개의 흑모는 멜라닌 색소가 많고 붉은 색소를 많이 함유하고 있다. 많이 함유하고 있다는 것은 그만큼 색이 잘 안 빠진다는 것이다.
브릿지제를 도포하면 머리는 흑색▷흑색톤의 적색▷적색 ▷오렌지색▷황색톤의 오렌지▷노랑▷밝은 노랑▷백색의 순서로 변한다.

산성 컬러나 매니큐어를 이용한 작업에서 선명한 컬러를 살리고 싶을 때에는 사전 블리지 작업이 꼭 필요한데, 이 블리지 작업이 제대로 되지 않으면 최종적으로 의도한 컬러가 나오지 않는다.
혹시 이런 경험이 있지 않은가?
블리지 후에 블루의 매니큐어를 넣었는데 컬러링은 보라색으로 나왔다. 이것은 블리지가 부족해 머리에 붉은 기운이 남아있었기 때문에 적과 청의 결합으로 인해 보라색이 나온 것이다.

19 머리카락도 더위를 먹는다?

뜨거운 햇살에 나설 때면 피부보호에 세심한 주의를 기울이게 된다. 그러나 잊기 쉬운 것은 머릿결도 여름햇빛 때문에 큰 손상을 입는다는 사실. 머리는 자외선에 가장 많이 노출되는 부분. 자외선에 노출되면 모발은 건조하고 거칠어지며 표면의 케라틴 조직이 손상돼 푸석푸석허진다.
숱이 적으면 두피에 직접 자외선이 닿아 탈모가 촉진되기도 한다 . 여기에 여름철은 머리속에 기름과 각질이 많아져 세균발생이 쉽고, 두피세균은 탈모를 촉진시키고 머리카락을 손상시킨다. 또 수영장 물속에 있는 소독약 성분도 모발속의 천연성분을 앗아가며, 과도한 실내냉방은 모발의 수분을 빠르게 증발시킨다. 따라서 여름철에는 청결을 위시한 다양한 모발보호가 필요하다.

▶샴푸를 철저히=자외선에 노출돼 자극받은 두피건강에는 샴푸 를 자주해 노폐물과 과다지방 박테리아를 제거해주는 게 최선책 이다. 샴푸는 지방성분을 너무 세게 없애는 것을 피해 저녁마다 미지근한 물로 해주고, 차가운 바람으로 완전히 말린 후 취침한 다. 마지막 헹굴 때는 찬물로 하면 두피가 건강해진다. 머리를 빗을 때는 끝이 둥근 브러시로 귀옆에서 정수리를 향해 올려 빗어주 면 자극이 덜하다. 아침에는 샴푸를 하고, 저녁에는 물로만 감는 것도 좋고, 비듬 등 두피염증이 있으면 린스를 사용하지 않는다 .
스트레스성 탈모나 대머리인 경우에는 하루 두번정도 샴푸를 하 는 것도 두피건강에 좋다. 아침저녁으로 두피 마사지를 하고, 모자를 장시간 쓰는 것은 피한다. 무리한 다이어트나 자극적인 음 식, 포식 등도 탈모의 원인이 된다.

▶트리트먼트로 영양공급을=트리트먼트제품은 자외선 손상 모발 을 회복시킨다. 샴푸 후 물기를 제거한 후 트리트먼트제를 바르고 12분 마사지후 헹궈내는데, 뜨거운 타월로 감싸 10분정도 두어도 효과적이다. 트리트먼트는 정상모발이면 머리카락 끝부분만, 심 한 손상모발이면 두피와 모발에 발라 마사지를 충분히 해준다. 최근 많이 사용하는 헤어에센스를 한두방울 모발 끝에 바르거나 스프레이형을 모발에 수시로 뿌려도 도움이 된다. 젤 무스 등 스 타일링 제품은 햇빛에 녹아 모공을 막으므로 여름철 사용을 주의 한다. 사용시는 두피에 닿지 않도록 한다.

▶자외선 차단제 사용=모자를 쓰지 않을 때는 자외선 차단성분 이 함유된 선무스, 선 스프레이 오일 등 스타일링 제품이나 스프 레이를 사용해 모발을 보호해준다.

20 헤어 커트에도 유효기간이 있다?

머리를 자른 지 5개월이 넘었다고? 매달 한번씩 헤어살롱에 들리는게 취미라고?
자, 헤어커트에 따라 살방문 횟수도 달라져야 한다.
과연 얼마나 자주 머리를 잘라야 할까?

본래의 스타일을 유지하려면 커트 주기는 생각보다 빠르고 특히나 쇼트커트의 경우에는 더욱 빠르게 느껴지게 된다. 짧을 수록 머리가 자라면 금방 눈에 띄고 스타일이 변형되기 때문이다.
최상의 헤어스타일 유지를 위한 스타일별 유효기간은 다음과 같다.

쇼트커트 : 20일
중간길이(단발) : 25일
레이어커트(롱) : 1개월1.5개월
웨이브 펌 : 1.5개월2개월
롤 스트레이트(판 스트레이트) : 1개월
세트 펌(매직 스트레이트) : 34개월
레게스타일(브레이드) : 34개월

21 야한 생각하면 머리가 빨리 자랄까?

일반적으로'야한생각'이라고 하면 이성간의 성적인 흥분이나 혹은 성적인 자극이 없다 하여도 대뇌속의 상상으로 이루어지는 것이라 할 수 있습니다. 일단 이해를 돕기 위해 남성호르몬이 무엇인지, 여성호르몬이 무엇인지부터 알아볼까요?

남성 호르몬(테스토스테론)은 남성의 성욕을 관장하고, 공격적이고, 자기 주장을 내세우고, 남성다움을 나타나게 하는 호르몬입니다. 이 호르몬이 증가하면 뇌가 활성화 되고 성욕을 일으키는 반면 여성호르몬(에스트로겐)은 여성의 생리 등 여성스러움을 나타내는 역할을 하게 됩니다.

남자와 여자 모두 이 두 호르몬을 가지고 있지만 양적인 측면에서 다를 뿐입니다. 여성이 성적 충동을 일으키는 것도 남성호르몬(테스토스테론) 때문이고, 여성의 야한 생각을 증가시키는 것도 남성호르몬 때문입니다. 다만, 여자에게 있어서 여성호르몬이 남성 호르몬에 비해서 월등히 많다가, 나이가 들면서 여성호르몬이 감소하고 상대적으로 남성호르몬이 많아지는 것입니다. 이런 시기에 여성이 섹스를 주도하려고 하고 공격적이고 대담해 지는 성향도 있다고 합니다.

체모가 발달하는 것에 관여하는 호르몬이 남성 호르몬이고, 이것이 증가하면 체모가 좀 더 발달한다고 생각할 수 있기는 하지만, 야한 생각이라는 것 자체가 반드시 남성 호르몬을 증가시킨다고 확정 지을 수는 없다라는 것입니다. 즉, 남성호르몬이 야한 생각을 유발시키지만, 야한 생각이 반드시 남성호르몬을 유발시킨다고 말할 수는 없다는 것이죠.

따라서, '야한생각을 하면 체모의 성장이 촉진될 가능성이 없다'라고 이야기 하는 것이 옳겠죠?
또 한편 성적인 흥분상태에서 본다면, 과학적 입증이 되진 않았지만 야한생각을 하면 육체적으로는 흥분이 되고 긴장이 풀려 두피에까지 혈액순환을 돕고, 정신적인 즐거움으로 인하여 엔돌핀이 생성되어 릴렉스한 상태가 되어 탈모를 예방 할 수도 있겠지만 야한생각을 하기보다는 항상 적절한 운동으로 혈액 순환을 돕고 즐겁게 생활함으로써 탈모의 원인 스트레스로부터 벗어 나는 것이 더욱 생산적인 일이 아닐까요?

22 린스에 관한 진실

찰랑찰랑 반짝이는 긴 생머리를 멋있게 풀어 헤치며 '엘했어요'라는 광고가 있었죠?
불과 얼마 전만 하더라도 찰랑찰랑한 머릿결을 원하는 사람들에게 린스는 쉽고 간편한 헤어제품으로 인기가 있었습니다. 최근에는 린스의 단점이 알려지고 기능성을 첨가한 트리트먼트가 보편적인 상황이 되었습니다.
한때에는 샴푸와 린스의 기능을 하나로 합친 제품이 인기를 끌었던 적이 있었죠. 모발을 세척하는 샴푸 기능과 찰랑찰랑 하게 하는 린스가 하나로 합쳐져 아침시간이 바쁜 직장인들이나 학생들에게 인기 폭발의 아이템 이였습니다.

하지만 린스에 대한 오해도 많았죠.
린스는 모발의 표면에 흡착하여 코팅하는 단순한 기능을 하는 제품입니다. 샴푸로 두피와 모발에 있는 유분과 분술물을 제거하면 조금은 뻣뻣한 느낌이 드는데 이때 린스로 모발을 코팅하여 외부영향으로 모발을 보호하면서 윤기있는 상태로 만들어 주는 것이 린스의 기본 임무랍니다.
간혹 린스의 코팅효과가 마치 손상된 모발을 재생된 한 착각을 일으키게도 했죠.
린스의 코팅 기능으로 인해 두피에 닿으면 모공이 막힐 가능성도 있기 때문에 두피에는 가급적 닿지 않게 하는 것이 무엇보다 중요하답니다.

23 모발에 나쁜 습관 6가지

1. 같은 삼푸를 계속해서 사용한다
똑같은 삼푸를 오래 사용하면 머리카락의 저항력이 약해진다. 똑같은 삼푸가 머리에 지속적으로 쌓이게 되면 머리카락에 힘이 없고 칙칙해진다는 연구 결과가 있다. 서 너달에 1주일 정도는 다른 샴푸로 바꿔서 머리에 쌓인 전 샴푸기를 제거해 주는 것이 좋다.
2. 머리카락을 끊임없이 만지작거리고 비비 꼰다
모발 끝을 비비꼬고 만지작거리는 습관이 오래되면 스트레스성 모발로 발전할 수 있다. 머리카락을 꼬면 모발이 부스러지거나 안으로 말려 뿌리가 손상되고 가늘어 진다. 그리고 모발을 만지던 손으로 얼굴을 만지작거리면 손가락에 묻어있던 먼지와 피지가 피부로 옮겨가서 여드름이 생길수도 있다.
3. 샴푸보다 비누가 더 좋다
비누는 강한 알칼리성이라 세정력은 강하지만 머리의 유분을 지나치게 빼앗아 버린다 .
머리는 깨끗해지만 뻣뻣하고 윤기도 없어지므로 아무리 지성 모발이라도 모발을 보호하며 영양을 공급하는 샴푸를 선택하는것이 좋다
4. 머리가 젖은 채로 아이롱을 한다
대충 물기를 닦아내고 시간에 쫓겨 바로 아이롱을 하는 사람이 많다. 이것이 머리결이 나빠지는 가장 큰 원인이다. 강한 열에 의해 머리카락이 갑자기 수분을 빼앗기면 윤기가 없어지고 푸석해진다. 이렇게 순식간에 나빠진 머리결은 좀처럼 돌아오지 않는다. 바쁘더라도 아이롱은 머리카락을 80%이상 말린 상태에서 사용해야 한다.
5. 헤어로션과 에센스를 두피 쪽부터 바른다
모발에 영양과 보습효과를 주는 헤어 제품을 바를 때는 모발 끝부터 발라주는 것이 좋다.
모발 끝으로 갈수록 영양과 수분이 적어져 갈라지거나 끊어지는 등의 손상이 많기 때문이다.
특히 지성피부는 두피 쪽부터 바르면 오히려 불쾌하게 끈적이고 더러움을 타기 쉽다,
헤어 에센스는 한 두방울 덜어 모발 끝부터 빗어 내리듯 발라주자.
6. 시간이 없어 저녁에 감고 잔다
저녁에 머리를 감고 완전히 마르지 않은 상태에 잠이 들면 물에 약해진 모발이 엉키거나 머리카락 끼리 마찰을 일으켜 머리결을 상하게 한다 .
또 젖은 채로 오래 두면 습기 때문에 비듬이 생기거나 두피에 염증이 생기기 쉬우므로 머리를 감은 다음엔 빨리 말리는 것이 필수적이다.

24 여러분의 빗은 안전 한가요?

매일 아침 저녁으로 사용하는 빗.지금 여러 개씩 꽂혀있는 가지각색의 빗 통을 가만 들여다보세요.
머리카락은 저녁마다 깔끔하게 샴푸 하고 트리트먼트로 영양분까지 듬뿍 충전한 채, 아침에 외출하기 전 꺼내 잡은 빗의 모습은 과연 어떤가요?
실내의 먼지와 빠진 머리카락, 스타일링 제품들이 마구 뒤엉켜 지저분하지는 않은가요?
아무리 깨끗하게 샴푸로 감은 모발이라 할지라도 지저분한 빗을 사용하면서
반짝반짝 윤기를 기대 하기란 힘든 일이겠죠.
이제 일주일에 한번씩은 이런 도구들도 깨끗하게 목욕 시켜 주자구요.
그렇지 않으면 빗에 묻어 있는 찐득찐득한 각종 불순물들과 온갖 먼지가 도로 머리카락에 달라붙을 수 있으니까요.
우선, 붙어 있는 머리카락이 있다면 대충 손으로 제거 해 낸 다음 따뜻한 물에 세탁용 세제를 조금 풀고 소독제가 있다면 몇방울 첨가 한다음 빗을 넣고 저으세요.
잠시 이렇게 담궈 둔후 톡톡 두들기면 빗에 붙어 있던 먼지와 때가 깔끔하게 떨어져 나간답니다.
마지막으로 빗을 깨끗한 물에 여러번 헹궈내고 수건위에 두고 말리면 끝!!!

25 샴푸거품 - 듬뿍 내야 깨끗해질까?

요즘 기능성샴푸나 브랜드에서 여러가지 장점을 내세운 샴푸들이 광고를 통하여 많이 소개되기도 합니다.
샴푸를 할때 여러분들께서는 거품이 많아야 좋은 샴푸로 느껴지시나요?
정답은 '그렇지는 않다' 입니다.

샴푸의 거품은 샴푸속에 들어있는 '계면 활성제'의 양에 따라서 거품의 양이 달라지며 최근에는 공업용 계면활성제를 사용한 샴푸가 문제되기도 하였습니다.
그러니 저가의 샴푸라도 활성제가 많이 들어있으면 그만큼 거품이 풍성하게 나오겠죠?
거품의 양이 샴푸의 질을 결정하지는 않습니다.

그리고 샴푸의 기장 기본적인 기능은 바로 '모발 세정' 입니다.
모발용 이기 때문에 샴푸는 모발특성에 맞추어져 개발되어 강력한 세정력을 갖고 있고 그러기 때문에 샴푸가 두피에 직접 닿으면 강력한 세정성분으로 두피에 손상을 줄 가능성이 많습니다.
샴푸를 하면서 두피를 너무 세게 문지르는 경우 두피에 스트레스를 주는 것이니 샴푸하실 때 두손으로 모발을 만지는 정도의 힘으로 샴푸하고 모발에 먼지를 제거할 수 있는 정도의 거품량(샴푸량)만 사용하세요.
그래야 두피를 보호할 수 있답니다.

또 요즘 많이 사용하시는 왁스 중에서 세정력이 좋지 않은 저가의 왁스를 사용하시는 경우에 모발에 남아있는 왁스를 제거하기 위하여 23회 샴푸를 하시죠?
그 강력한 세정력의 샴푸를 두피에 여러차례 접촉시키켠 역시나 두피에는 좋지않은 결과를 초래하니 스타일링제품을 구입하실 때 꼭 '세정력 좋은 제품'을 선택하시기 바랍니다.
그리고 거품을 많이 내면(샴푸를 많이 쓰면) 헹구기 위하여 물도 많이 쓰고 바쁜 아침시간에는 시간도 많이 소요되니 먼저 미온수로 살짝 담구어 충분히 머리카락을 헹군 후에 거품만 살짝 낼 수 있는 정도의 양만 사용하세요.

26 곱슬머리가 되는 이유는?

곱슬에는 주위로부터 부러움을 사는 반곱슬 머리가 있는 반면 꼬불꼬불한 형태의 심한 곱슬 등 다양한 형태가 있다.
그렇다면 곱슬머리는 왜 생기는 것이며 곱슬의 정도의 차이는 무슨 이유에서일까요?
곱슬머리의 원인으로는 여러가지를 들 수 있지만 그 중 유전적으로 태어날때부터 생기는 경우와 성장을 하면서 직모가 곱슬머리로 변하는 경우도 있다.

직모는 모낭(모발을 둘러싸고 있는 주머니)의 형태가 꼿꼿하게 되어 있고 그곳에서 자라나는 머리카락도 자연히 곧게 성장을 하게되지만 반곱슬은 모낭이 한쪽으로 약간 구부러져 있어 곱슬거리는 모발이 나게 되고 심한 곱슬은 모낭의 형태가 아주 강하게 왜곡되어 있어 자라나는 모발도 꼬불꼬불해진다.
어릴때에는 직모였으나 언제부터인가 곱슬거리기 시작하는 것은 사춘기를 겪으면서 호르몬 밸런스에 변화가 생겨 모낭의 형태 자체가 한쪽으로 휘면서 구부러진 모발을 밖으로 밀어내기 때문이다.
요즘은 곱슬머리가 오히려 손질하기 쉬운 스타일로 각광을 받기도 하고 일부러 직모인 사람들이 천연 곱슬머리의 웨이브감을 만들어내기 위해 펌을 하기도 하며 매직 스트레이트라는 것이 나오면서 점점 업그레이드되는 기술과 제품력으로 선택의 폭도 아주 다양해진 것 같습니다.뜨거운 바람은 머리카락의 구성 성분인 단백질을 파괴하기 쉽다. 젖은 상태에서 뜨거운 바람을 사용하면 이중으로 모발을 손상시키는 격이다.먼저 머리의 물기를 완전히 제거한 다음 반드시 20cm 이상의 거리를 두고 드라이어 바람을 쐬도록 한다. 마지막에는 차가운 바람으로 드라이를 마무리하면 헤어 스타일을 오래 고정시킬 수 있다.

27 우리의 머리카락은 무엇으로 이루어져 있을까요?

피부를 보호하기 위한 목적으로 만들어진 우리의 머리카락은 케라틴이라는 황을 포함한 단백질 성분으로 거의 이루어져 있다.
이 케라틴은 세로 축 방향의 쇄상 결합을 하고 있어서 머리카락이 세로로는 찢어지기 쉬우나 가로로는 찢어 지지 않는 것이 바로 이러한 이유 때문이다!.
머리카락에도 영양 공급의 임무를 맡고 있는 혈관과 신경이 있으며 매 식사때에 단백질을 섭취해 준다면 털주머니에 필요한 영양분이 공급이 된다.
생선, 닭, 오리, 거위, 육류, 두부, 콩, 쌀 은 아주 좋은 단백질 공급원 이다.
해산물도 또한 모발에 유익한 미네랄, 철, 요오드, 아연, 셀레늄을 제공허 주니까
윤기나는 건강한 모발을 원한다면 기본으로 돌아 가서 매일 먹는 식단부터 신경써 보자.

28 반갑지 않은 손님 흰머리

노화현상으로 자연적으로 찾아 오는 반갑지 않은 손님 흰/머/리 를 인간의 힘으로 막을수는 없지만,
가급적이면 편안한 생각과 긍정적인 사고로 스트레스를 최소한으로 줄이고 또 웃는 하루하루로 지내다 보면 조금은 늦게 만나지 않을까??
대부분 아직 흰머리와는 상관이 없는 한창 때인 분들이 많겠지만, 젊음을 가능한 오래 유지 할 수 있도록 노력해 보자.
흰머리는 머리카락이 지니고 있던 멜라닌 색소가 빠져 버리게 되면서 나타나는 현상을 말합니다.
본래는 모발의 색상을 결정짓는 색소 세포로부터 멜라닌 색소가 머리카락에 이송되어 검어지지만 연령과 함께 노화 현상이 시작되면서 멜라닌 색소를 만들어 내야하는 세포의 기능도 덩달아 쇠약 해져버려 흰머리가 생기게 되는 것입니다. 젊은 나이에도 불구하고 새치가 생기는 이유는 현재 여러가지 연구되어 지고 있으나 아직 확실한 근거는 알수는 없다고 한다.
개인에 따라 차이는 있지만 평균적으로 흰머리의 발생은 대개 30세전후 부터이며, 모발의 반이 백발이 되는 것은 대개 55세 정도 부터라고 한다.
흰머리는 또 부위별로 시간차를 두고 생기게 되는데 측두부(옆부분)에서 부터 가장 먼저 시작되어 두정부(윗부분)로 넓게 확산 되며 가장 늦게 후두부(뒷부분)가 백발이 되어간다.
** 흰머리 예방 대책 **
알로에···알로에중의 타닌산이 색소세포를 활성화 시킵니다.타닌은 세포의 활성 작용도 있으므로 육모에도 좋으며 또 식초와 함께 섭취함으로서 타닌의 흡수가 높아지므로 알로에즙과 식초를 혼합한 것(식초 알로에)을 마시는 것도 효과가 크다.
흑참깨···예로부터 검은 음식은 백발에 좋다고 전해지고 있습니다. 미네랄을 포함해 항산화 작용이 뛰어나며 흑참깨의 껍질의 부분에 포함되는 안트시안 색소(항산화 물질로 알려진 안트시아닌과 거의 동일한 것)는 멜라닌 색소의 형성을 촉진 시킨다.
그리고보면 체질적인 변화나 문제는 음식(자연)에서부터 치료가 되는 것 같다.
우리모두 자연을 사랑하고 또 인스턴트 음식보다는 자연식을 섭취하도록 하자.

29 삭발하면 머리가 빨리자라나요?

삭발을 한다고 빨리 자라는 것은 아닙니다. 삭발을 하면 두피에서 부터 모발이 자라는 모습이 육안으로 확인되기 때문에 머리카락이 빨리 자라는 것 같은 착각을 일으키는 것이다.
모발은 1달에 보통11.2cm정도 자라고 삭발을 하더라도 그 속도는 같다. 태양이 정 가운데 떠 있으면 움직이는 지 잘 모르지만 지는 해 (지평선 또는 수평선)에 걸쳐있는 태양을 보면 상당히 빠르게 움직이는 듯한 느낌이 드는 것과 같은 이치다. 즉 비교대상이 있기 때문에 움직임이 느껴지는 것 뿐이다.

30 왜 펌를 하고 난 후 샴푸를 바로 하면 안되나요?

펌를 막 하고나서 담당 디자이너로부터 "내일 하루는 샴푸하지 마세요"라는 어드바이스를 들은 적이 있으시죠?
그런데 막상 집으로 돌아와서 보니 펌액의 냄새가 찝찝하고 참을 수가 없어 그날 샴푸를 했더니 이게 왠일입니까?
애써 비싸게 주고한 펌가 풀려버렸습니다.
펌에 대한 자그마한 지식과 대비책을 미리 체크해 볼까요?

펌는 머리카락을 롯드에 고정시켜 화학작용에 의해 모발 내부의 결합을 끊고 재결합시켜 새로운 형태를 만드는 것입니다. 그러나 펌가 끝난 상태에서 곧바로 머리카락 내부의 결합이 완료되는 것이 아니고 서서히 제자리를 찾아가게 됩니다. 그래서 펌후 2448시간 내에는 불완전한 상태이므로 샴푸를 하게되면 웨이브가 쳐지고 쉽게 풀려버리는 현상이 나타나는 것입니다.
펌 후 적어도 웨이브의 경우 24시간, 스트레이트의 경우 48시간 후에 샴푸하세요!
딱 이틀 동안만 이렇게 하면 탱탱한 웨이브가 오랫등안 유지됩니다.

예전보다 펌약 자체의 향이 좋아졌다고는 하나 펌를 처음 하는 사람이라면 독특한 향에 곤욕을 치르지 않을 수 없습니다.
탄력있는 컬을 오래 유지하면서 집에서 씻는 방법을 소개합니다.

1. 하루정도 샴푸하지 않고 견딜 수 있다면 비닐캡을 이용하여 모발에 물이 들어가지 않도록 합니다.
2. 30도 이하의 미온수에서 헹구고 가볍게 린스 정도로만 헹구어 내는 것으로 충분합니다.
고온에서는 웨이브가 풀어질 우려가 있습니다.
3. 샴푸를 굳이 사용한다면 세정력이 강한 알칼리성 샴푸는 되도록 피하고 피부에 가까운 약산성 샴푸를 선택합니다.

※주의점:
-찜질방이나 사우나등 고온다습한 곳에는 가지 않드록 합니다.
-촘촘한 빗으로 마구 빗어가면서 씻지 않도록 합니다.
-웨이브 펌의 경우 스트레이트 모발용 스타일링 제품은 머리카락을 늘어지게 하므로 삼가해 주세요.

31 가늘고 힘없는 모발에 대처하는 우리의 자세

헤어스타일의 디자인을 결정하는데에는 여러가지 요소들이 있다.
그중에서 큰 비중을 차지하는 것이 제각기 다른 도질이다.
강한 모발, 가늘고 힘이 없는 모발, 곱슬기가 있는 모발 등의 상태에 따라 그에 맞는 적합한 스타일이 있다.

일명 "고양이털"이라 불려지는 가늘고 힘이 없는 모발은 스타일링을 하더라도 금새 축 쳐져버리기 쉽습니다.
이런 모질을 가진 사람들이 무작정 길이를 기르게 된다면 두피에 착 달라붙어 볼품없고 초라해보이기 마련이죠.
모발 길이가 짧으면 짧은 만큼, 모발 길이의 자체 구게 부담감이 없어지는 것이므로 드라이나 하드왁스 등의 스타일링 제품으로도 커버가 가능하다.
그러므로 가늘고 힘없는 모발은 되도록이면 짧은 스타일을 하는 것이 좋다.
하지만 이런 모질을 가진 사람은 항상 짧은 스타일로만 제한된다면 실증 날 수도 있다.
미디움 길이 이상을 원할 경우에는 샤기 커트하나만으로는 힘이 들며 가볍게 펌를 해서 모발 전체에 적당한 움직임을 주고 필요한 부분에 볼륨감을 주어 쳐지지 않는 밝은 인상으로 만들어주는 것이 좋겠다.

32 펌 염색 동시에 한다면 어느쪽이 먼저 일까

최근의 헤어스타일 동향을 본다면 내츄럴한 웨이브와 조금은 밝은 컬러가 함께 유행하고 있습니다.
특히 샤기 웨이브 등의 가벼운 헤어스타일에서는 웨이브를 표현하고 질감과 볼륨감을 더욱 풍성하게 나타내기 위해 염색은 이미 필수가 되어버렸다.
그렇다면 펌와 염색 둘 중 어떤 걸 먼저 해야할까.

-펌 후 염색시 문제점
염색약으로 인해 펌가 풀릴 가능성이 있고 부시시한 느낌을 줄 수 있다.
-염색 후 펌시 문제점
염색의 색소가 빠져 밝게 보이거나 색감이 혼탁해 보일 수 있다.
특히 채도(컬러감이 있는) 염색의 경우 더욱 컬러감이 나빠보일 수 있다.
정답은 '상황에 따라 달라진다'입니다.

-해결방법
1. 펌가 우선 되는 스타일의 경우 염색 먼저
2. 염색이 우선 되는 스타일의 경우 펌 먼저
3. 1주일 이상의 기간을 두고 펌, 염색을 따로 한다.
4. 디자이너에게 추후 스타일 변화의 일정을 상담 후 시술한다.

33 비듬에 관한 미니 상식

검은 종류의 옷을 입고 외출 할때 마다 잔뜩 신경쓰이는 비듬!
도대체 비듬은 어떤 것이며 왜 생기는 지에 대해 알아보자.
얼굴의 피부처럼 통증이나 감각은 느낄 수 없지만 우리의 모발도 역시 피부의 한 부속 기관에 속하고 있다.
두피는 외부 충격이나 자외선으로 부터 보호하기도 하고 영양공급을 하기도 한다
이런 중요한 두피가 여러가지
1.화학적(염색..탈색..펌..등)요인
2.물리적(잦은 드라이기,고데기의 사용등)요인
3.환경적 (식생활..스트레스..등)요인 들에 의해 문제가 생겼을 경우
두피의 각질화가 일어 나면서 비듬이 발생하게 되는 것이다.

비듬은 또 크게 두가지로 나눌 수 있다.
하나.. 수분과 피지가 부족하여 두피가 건조된 상태에서 생긴 건성비듬과
둘.. 피지의 과다 분비로 덩어리가 되어 있는 지성비듬 으로 나누어 볼 수 있다.
건성비듬 은 잦은 샴프로 인해 필요 이상의 유분이 제거 되었거나 스타일링제나 샴푸가 모발에 남아 두피를 자극 하여 생기는 원인이 되기도 한다.
지성비듬과는 달리 형태도 아주 가벼운 쌀겨와 같은 흰가루여서 남들에게 좋지못한 인상을 주기 쉽습니다.
한편 지성비듬 은 피지분비가 많아 두피 주변에 쌓이면서 생긴 비듬으로 입자가 크고 떡지는 현상이 생기기도 한다.
지성비듬은 세균이 번식하기 쉬운 환경을 만들어 줄 뿐만 아니라 먼지가 부착되기도 쉬어 두피를 막아버릴 수도 있다.
단순히 보면 건성비듬은 눈으로 확연히 들어나 금방 조치를 취하기 쉽지만, 지성비듬은 크게 외관상 두드러 지지 않아 모르고 그냥 방치 하게 되면 탈모의 원인이나 두피염증을 일으키는 중요한 요인이 될 수 있다.

34 곱슬인데요 영구적인 직모가 가능할까요?

결론적으로 일반적인 상황이라면 방법이 없다.

곱슬은 두피속에 모낭이라는 모발의 뿌리가 있는 부분이 굽어서 모발 자체가 휘어서 나온다. 결국 매직이나 펌를 하더라도 이미 휘어나온 모발을 잠시 팽팽하게 펴는 것 일뿐 두피자체를 바꾸지 않은 이상 곱슬은 영원이 곱슬로 살아 가야 한다.

모발 이식 또한 부분 이식이 아닌 전체 이식을 해야 하므로 현실적으로 어려우면 매직은 하고나서 몇 주 지나면 다시 부시시한 느낌을 갖게 되는 데 이 경우는 이미 아래 뿌리부분에서 새롭게 자라나는 신생모는 이미 휘어져 나오기 때문에 전체적으로 다시 부시시하게 보이는 것 이랍니다.
다시 미용실에 가셔서 새롭게 자란 부분을 매직을 해야 직모같은 느낌을 얻을 수 있다.

매직스트레이트가 전국적으로 유행하던 시기에는 곱슬머리가 일종의 컴플렉스로 여겨졌지만,
요즘은 오히려 내츄럴하고 스타일링하기도 편한 반곱슬머리가 더욱 인기를 얻고 있는 듯 하다.
무조건 다른 사람의 모발을 동경하기 보다는 자신의 모발이 가진 장점을 살린 개성있는 스타일을 연출해 보자.

35 검은 색 염색 시 주의할 사항이 있나요?

보통 동양인의 경우라도 모발이 완전 검은색이 아니라 어두운 갈색이다.
또 염색약의 검은색 염료 안에는 동양인의 멜라닌 색소와 같은 계열인 붉은색 계열의 색이 많이 들어있는데 염색을 할 때 이 색소가 모발에 안착되게 된다.
머리를 잘라내지 않는 한 안착된 색소가 모발에 계속 붙어 있어 추후 밝은 색으로 염색하기가 힘들다.
물론 여러 번 탈색을 해서 밝은 색으로 염색할 수도 있겠지만 탈색 과정에서 머릿결이 많이 손상되게 되며 검은색 염료를 완전히 빼내지 않는 이상 얼룩이 생길 수도 있다.
염색으로 분위기 전환을 즐기시는 분이라면 검은 색으로 염색하기 전에 한 번쯤 신중히 생각해 보자.

36 감기로 열이 있어요 염색을 해도 될까요?

감기와 열이 있을 경우 권하지 않는게 일반적이다.
염색을 할 때 디자이너들은 빠른 속도로 염색약을 바른다.
그것은 염색약을 모발에 도포를 하면 곧 바로 화학적 반응에 의하여 염색이 시작되는데 바르는 속도에 차이가 나면 먼저 바른 곳과 나중에 바른 곳의 컬러차이가 생기기 때문이다.
특히 화학 반응은 열에 의하여 촉매역활을 한다.
열이 가해지면 더 빨리 더 강하게 반응이 일어나면서 열이 닿은 곳과 그렇지 않은 곳의 반응의 차이로 컬러 차이가 발생된다.
몸에 열이 많은 경우 미약하더라도 염색에 약간의 영향을 미칠 수 있으므로 기다리셨다가 기분좋게 염색을 하시는 것이 좋겠다.

37 지성건성은 어떻게 판단 하나요?

두피상태에 따라서 크게 건성/지성/민감성 두피로 나누어 지며 또 본인의 두피상태에 따라서 선택적으로 샴푸를 사용하셔야 건강한 두피를 유지할 수 있다.
요즘 샴푸는 전문가용 뿐만 어니라 일반 시판용에도 '건성 지성'으로 구분하여 판매하기도 하는데 이는 두피의 유분과 관계가 있다.
유분이 많으면 '지성' 적으면 '건성' 그리고 외부영향에 민감하게 반응하는 '민감성'으로 나누어 진다.
우선 지성과 건성을 확인하는 방법은 하루정도 샴푸를 하지않고 두피를 손가락으로 살짝 문지렀을 때 손가락에 유분이 많이 묻어 난다면 '지성' 각질이 묻어 난다면 '건성' 이다.
건성은 두피에 유분이 없는 상태이므로 유분을 공급하는 건성용 샴푸를 사용하여야 하며 지성의 경우 두피에 유분을 제거하는 '지성샴푸'를 사용하여야 한다. 그러나 현재 나의 두피상태가 건성이라 하여도 지성으로 바뀔 수도 있기 때문에 수시로 확인하여 나에게 맞는 제품을 사용하는 것이 중요하다.

38 매직스트레이트 후 주의할 점이 있나요?

1. 일주일 동안은 머리를 묶지 않는다.
머리를 묶으면 고무줄 자국이 남게되어 없어지지 않을 수도 있다.
2. 아이롱이나 롤 브러쉬 사용은 금지한다.
매직스트레이트 시술 후에는 아이롱과 롤브러쉬는 절대 사용을 금지한다.
아직 모발의 구조가 완벽하게 형성되지 않은 상태에서 모발을 무리하게 휘게 하는 경우, 그 상태로 굳어져버릴 수 있다.
3. 에센스는 필수.
매직스트레이트 시술 과정에서 모발의 수분이 상당부분 빠져나간 상태고, 수분을 공급해주더라도 금방 증발해버려 모발이 건조해지게 된다.
이때 에센스 등으로 수분을 공급하고 보호막을 형성시켜 건강한 머릿결을 지켜준다.
왁스는 샤인왁스를 사용하는게 좋다.

39 앞머리 자를 건데 아무 가위로 잘라도 되죠?

우선 헤어디자이너가 사용하는 가위들은 얼마 정도 일까요?
그전에 컨텐츠로 올려드렸지만 수십만원에서 수백만원에 이릅니다.
일반적인 기능, 재질, 강도에 있어 많은 차이를 보이기 때문에 이같은 가격 차이가 발생합니다.

집에서 사용하시는 일반 가위로 머리를 자르시면 물론 잘 잘립니다. 하지만 잘린 단면을 보면 모발이 꺽인 채로 잘렸거나 화산의 분출구처럼 지저분하게 잘리게 됩니다. 이경우 모발 끝에서 흠집으로 인한 손상이 발생될 수 있습니다.

또 어떤 분들은 칼로 긁으면서 자르시는 분들도 있으신데 그 경우는 더더욱 모발에 치명상을 입히게 됩니다. 긁으면서 모발의 표면까지 긁어 상처를 주기 때문입니다. 모발 표면의 상처를 그 주변까이 영향을 미쳐 손상영역이 넓어지고 그 상태로 염색을 하게 된다면 얼룩이 질 가능성이 높고 펌를 할 경우 웨이브가 꺾이거나 끊어질 가능성이 있기 때문입니다.
가급적이면 미용실에서 안전하게 관리된 도구로 커트를 하시는 것이 좋겠죠??

40 머리에 기름기가 너무 많아요

우선 두피에 기름기가 많이 느껴지신다면 지성용 샴푸를 사용해야 된다.
두피에 유분이 많으면 공기가 차단되어 냄새가 심해지고 모공을 막아서 탈모의 원인이 될 수 있기 때문이다.
물론 유분이 완전히 없는(건조한)상태도 문제가 된다.
적당한 유분은 두피를 보호하는 역할을 하기 때문이다.
헤어샵에 가시면 두피상태에 대하여 문의도 하시면서 수시로 나의 두피상태를 확인해야 한다.

지성인 상태에서 지성용 샴푸를 오랫동안 사용하면 자칫 건성두피로 전환될 수 있기 때문이다.

41 밝게 염색하려면 꼭 탈색해야 하나요?

탈색은 화학적인 방법으로 모발의 색소를 빼는 시술로써 상당한 주의를 요하는 작업이다.
일정 강도 이상의 탈색은 법적으로 금지가 되어 있을 정도로 위험한 작업이기도 하다.
단순한 색소만으로는 모발의 명도(밝기)를 조절할 수 없기 때문에 탈색을 해서 색소를 빼내는 작업이 '탈색'이다.
즉 현재 본인의 모발 명도에서 명도를 높이는 컬러를 원한신다면 탈색으로 명도를 높이는 방법외에는 방법이 없다.

금발은 이미 명도가 높기 때문에 탈색이 필요없다.

42 비누로 머리를 감으면 왜 안 좋은거죠?

많은 분들이 비누로 머리를 감으면 나쁘다는 것은 알지만 이유는 잘 모르시는 것 같네요.
우선 비누로 머리를 감으시면 두피에 크게 두 가지의 문제가 나타날 수 있다.

1. 두피를 지켜주는 유분마져 없애 버린다.
우리의 두피는 어느정도의 피지(유분)이 두피를 외부로 부터의 영향(자외선, 나쁜균 등)을 보호하는 기능을 하고 있다.
그런데 비누로 머리를 감으면 두피에 필수적인 피지마져 모두 씻겨 버리기 때문에 두피 보호 기능이 저하되어 두피의 염증이나 트러블을 일으킬 수 있다.

2. 유분의 때가 모공을 막을 수 있다.
비누의 강력한 세정력으로 인하여 위에 말씀드린 온갖 유분 성분마저 녹여 비누때로 만들어 버린다.
이때 비누때는 급속히 응고되어 (세수대야 테두리의 때 처럼) 잔류하게 되는 데
이때 헹굼을 소홀하게 된다면 그 비누때가 모공을 막아 모발을 얇게 나오게 한다던가 최악의 경우 머리 카락이 나오지 않을 수도 있어 탈모로 이어질 가능성이 있기 때문이다.

습관적이나 비누로 감았을 때의 뻑뻑함이 좋아 그냥 비누로 감는 경우가 있는데
꼭 샴푸를 쓰시는 것이 좋다.

43 젖은 머리로 잠자면 비듬이 생기나요?

가끔 저녁때 샤워를 하고 머리를 말리지 않은채로 잠자리에 드는 경우가 있는데
이 경우 습기가 많고 빛이 없으면서 영양분이 많아 비듬균이 가장 좋아하는 상태가 된다.
베개에 닿는 부위가 마르지 않은 채 적당한 습기와 온도를 제공해 비듬균을 활성화하기 때문이다.
비듬은 한번 생기기 시작하면 모발전체에 급속도로 퍼져 나가고 지저분해 보이므로
잠자리에 들기전 꼭 머리를 말리는 습관을 기르는 것이 좋다.

긴 모발이라면 두피부분은 말리고 잠자리에 들어야 한다.

44 머리카락에 좋은 음식이 있나요?

모발은 황을 함유한 단백질이 주성분으로 되어있다.
▶머리카락에 좋은 음식을 둘러보면 단백질이 풍부하게 함유된
우유, 달걀, 콩, 육류가 있다.
▶발모에 좋은 음식:
미역, 김 등의 해조류
▶머리카락의 광택에 좋은 음식:
깨나 콩
▶모발의 건조방지에 좋은 음식은:
당근
▶탈모에 좋은 음식은:
탈모의 주원인인 스트레스를 풀어주는 비타민C가 많은 음식

45 염색 후 주의점이 있나요?

요즘 많은 분들이 염색을 하시고 있으시죠?
염색 후에는 주의점을 잠시 알아보자면,
1. 샴푸시에 두피나 모발을 너무 자극하지 마세요.
일단 염색을 하시면 두피에까지 염색약이 묻을 수 있기 때문에 두피가 약해진 상태가 지속될 수 있습니다.
이때 습관적으로 두피를 강하게 문지르시거나 하시면 약해진 두피에 영향을 마치기 때문이죠.
물론 모발도 마찬가지로 강하게 샴푸를 하시면 물이 쉽게 빠진답니다.
2. 샴푸는 산성샴푸를 사용하세요.
원래의 컬러를 지켜주는 산성샴푸는 특성상 거품은 많이 나지않지만 모발에 윤기과 광택를 부여함으로써 컬러를 더욱 선명해 보이게 하죠.
3. 컬러전용 트리트먼트를 사용하세요.
최근에는 트리트먼트의 종류가 세분화 되면서 컬러전용 샴푸나 트리트먼트가 출시되고 있습니다.
일반 제품과 차이점이라면 모발에 코팅막을 형성하여 컬러를 선명하게 하면서 모발속에 영양을 공급해 준답니다.
4. 다음 시술은 조금 기다리세요.
펌나 염색을 더 하고 싶으시더라도 최소한 2주이상은 다음을 위하여 기다려주세요.
한번 스트레스를 받은 모발은 안정화되는 기간이 필요하게 된답니다.

46 머리를 감아도 왁스가 남아있는 것 같아요

저가의 왁스 (혹는 고가의 왁스라 하더라도)는 세정력에 문제가 있어 가끔 샴푸를 한번 하여도 찜찜한 느낌이 들때가 있다. 이런 경우 몇가지 방법을 시도해 보자.

1. 왁스의 사용량을 줄인다.

왁스의 사용량이 많으면 세정력이 떨어질 수 밖에 없습니다. 왁스의 사용량을 줄이는 대신에 드라이르 잘해 주시면 고정력을 높일 수 있다.

2. 샴푸전 미온에 1차 세정을 한다.

샴푸를 하시기 전에 미지 미온수로 씻으신 뒤 샴푸를 하시면 효과를 보실 수 있다.

3. 비누로 살짝 감는다.

비누는 기름기를 갈끔하게 제거해 주기 때문에 두피에 뭍지 않게 모발에만 비누로 살짝 감고 샴푸하시면 확실한 효과를 보실 수 있다.

4. 세정력이 좋은 제품으로 바꾼다.

모든것이 귀찮다면 세정력이 좋은 제품으로 바꾼다.

47 탈색 후 매직 가능한가요?

우선 탈색은 모발속에 들어있는 색소를 빼어내는 시술 작업이므로 모발의 내부층의 조직에상당한 스트레스와 손상을 입힌다.

이런 탈색모발에 매직 스트레이트를 하게 되면 탈색으로 약해진 모발에 또 다시 화학약품과 열로 무리를 가하는 일이 된다. 심할 경우, 머리가 끊어져 버릴 수도 있다.

예쁜 스타일을 내는 것도 중요하지만, 스타일을 위해서는 건강한 머릿결도 매우 중요하다.

48 염색 전 머리 감지 않는 것이 좋다?

보통 펌이나 커트를 하기전에는 미용실에서 샴푸를 하지만
염색의 경우에는 샴푸를 하지 않았더라도 일부러 샴푸를 하지는 않는다.
그 이유는 두피 표면의 피지(기름기) 때문인데
두피의 피지는 외부의 영향으로 부터 두피를 보호하는 기능을 하고 있다.
여름의 강한 자외선이나, 미세먼지, 이물질 등이 두피의 모공이나 두피에 직접 자극을
주지 못하도록 일종의 보호막이라 할 수 있는데 물론 너무 많다면 두피에 공기가 통하지 않고
민감한 두피를 만들어 두피 질환을 일으킬 수 있다.
그래서 샴푸를 너무 자주해서 피지가 없으면 두피질환이 생길 수 도 있는 것 이다.
결국 염색전에 샴푸를 하지 않아 두피면에 피지가 있는 상태에서
혹시나 염색약이 두피에 닿았더라도 두피에 직접적인 손상을 주지 못하도록 보호막이 있어
미용실에서도 일부러 샴푸를 하지 않는 이유이기도 하다.

※집에서 직접 염색을 준비하시는 분들이시라면 하루, 이틀 정도는 샴푸를하지 말고
염색을 하시면 두피손상(두피가 따끔거리는 느낌)도 줄일 수 있으니 참고하세요.

49 자주 머리 감으면 머리카락이 더 많이 빠진다?

상황에 따라 틀리겠지만
머리를 자주 감는다고 머리카락이 많이 빠지는 것은 아니다.

보통 머리카락은 일정한 주기(약 3개월) 단위로 싸이클을 돌면서 머리카락이 빠질 준비가 되는 시기가 있다.
바로 그때 빗질이나 샴푸를 하게 되면 자연스럽게 머리카락이 빠지고 또 새로운 머리카락이 나오게 되는 것 이다.
즉, 머리를 감을 때 빠지는 머리카락은 결국 생리주기에서 약해진 모발이 빠지는 것이기 때문에 관계가 없다고 봐야 한다.
오히려 그런 염려 때문에 머리를 감지 않거나 횟수를 줄인다면 두피의 이물질, 먼지, 피지, 땀 등이 서로 섞여 노폐물이 모공(모발이 자라는)을 막아 머리카락이 자라지 않거나 두피에 염증을 일으켜 모발이 생성되는 두피 안쪽까지 손상을 주어 영구 탈모의 원인이 된다.

보통 아침에 샴푸를 하신다면 저녁에 미온수로 살짝 헹구는 정도의 샴푸 습관이 좋겠다.

50 청결한 두피관리, 탈모 막는다

한방에서 모발은 혈액이 주관하는 부위로 해석한다.
인체에 혈액이 충만해 건강하면 머릿결이 곱고 검으며, 반대로 인체가 허약해 혈액이 부족하면 머릿결이 가늘어져 빠지기 쉽고 흰머리가 생긴다.
치료도 혈액을 보충하는 방법을 근본으로 하되 스트레스성으로 인한 것은 기운이 울체해 열을 발생한 단계로 넘어갈 수 있으므로 울체된 기운을 소통시키고 열을 내리는 약물을 겸해서 사용한다.
탈모 부위에 약침을 시술하는 경우도 있다.

탈모 예방은 무엇보다도 환자 자신이 정확한 지식을 알고 두피를 관리하는 것이 중요하다.
보통 머리를 감거나 빗을 때 머리카락이 빠지므로 머리를 자주 감거나 빗지 않음으로써 탈모를 방지할 수 있다고 생각하기 쉬우나 무엇보다도 중요한 것은 두피를 청결하게 관리해야 한다.
머리를 감을 때는 자신의 두피에 맞는 세제를 사용하고 손가락 끝으로 마사지하듯 문질러준다.
헤어드라이어 사용을 피하되 머리카락은 꼭 말려주어야 한다.
무스나 젤, 스프레이 등은 적게 사용하는 것이 좋다.

가을에는 특히 머리카락이 많이 빠진다.
가공식품이나 기름지고 자극적인 음식 대신 신선한 과일과 야채를 충분히 섭취하자.
검은깨·콩·해산물 등 단백질이 풍부한 음식을 먹으면서 몸을 항상 건강한 상태로 유지하는 것도 중요하다.

51 매직먼저? 커트 먼저?

긴머리를 짧게하고 매직을 하시겠다면 당연히 커트가 먼저 겠다.
그래야 매직 시술 시간이나 가격이 낮아진다.
그렇지 않은경우라면 매직후에 커트를 한다.
매직으로 인한 끝머리 손상이 있는 부분을 살짝 다듬어야 하기 때문이다.

52 올바른 가발 세탁방법

01. 빗으로 머리를 빗어 헝클어진 머리를 정돈해 즌다.
02. 린스와 미온수를 준비한다.
03. 가발을 뒤집어 주세요.
04. 미지근한 물에 가발을 담궈 가볍게 흔들며 적셔준다.
05. 린스를 적당량 사용하여
06. 물에 부드럽게 풀어준다.
07. 손바닥을 사용하여 가볍게 눌러주고, 좌우로 살짝 흔들어주며 린스를 가발에 흡수시켜준다는 느낌으로 세척한다.
08. NG! 빨래를 하듯 강하게 비비거나 비틀면 가발의 모양이 틀어질 수 있으므로 주의한다.
09. 양손을 이용하여 위아래로 꾹꾹 눌러주며 2-3분간 세척한다.

10. 린스로 세척이 끝났으면 깨끗한 물을 준비해준다.
11. 린스가 살짝 남을 정도로만 깨끗한 물에 헹궈준다.
12. 머리결이 흐르는 세로 방향으로 잡고 가볍게 누르며 물기를 짜내준다.
NG! 빨래를 짜듯 비틀어 짜면 모양이 틀어질 수 있으므로, 가볍게 누르며 짜는 것이 중요하다.
13. 마른 수건을 준비해 가발을 넣고, 수건을 반으르 접어가며 손바닥으로 눌러 물기를 빼내준다.
14. 전용 헹거에 걸어 통풍이 잘되는 그늘이나 실내에서 말려준다.

tip. 드라이,열풍기,난방, 직사광선은 피해주어야 가발의 변형을 막을 수 있다.

53 올바른 가발 보관 방법

1. 가발은 보관방법에 따라 수명이 달라진다. 보관과 관리에 신경써주세요.
2. 히터나 열이 강한곳 옆에 두지마세요
3. 왁스나 스프레이로 손질후 오래두면 손상될수 있드니 바로 세척해주세요.
4. 아무렇게나 팽개쳐 두면 가발이 눌려 모양이 이쁘게 나오지 않을수 있으니 가발걸이에 꼭 걸어두세요.
5. 옷도 입을수록 내 몸에 길들여져 잘 맞는 것 같이 가발도 쓰면 쓸수록 더 자연스러워지므로 보관방법이 매우 중요합니다.

<짧은 길이 가발>
01. 가발걸이를 준비해주세요.
02. 비뚤어지지 않게 가발을 잘 걸어준 뒤, 엉킨 모발을 빗질해서 잘 풀어줍니다.
tip. 가발 전용 빗으로 빗어주셔야 수명이 오래 갑니다
일반 빗은 빗부분이 쇠로 되어 있지 않아 정전기를 발생시키며 가발을 손상시킵니다.
03. 먼지가 앉거나 보관하며 모발이 엉키지 않도록 가발전용 망을 씌워줍니다.

<중간 길이 가발>
01. 긴 머리 가발은 아랫쪽부터 빗어주어 엉킨 부분을 확인한 후 중간->위쪽으로 빗어주세요.
02. 탁자나 장식장 모서리에 가발걸이를 두어 모발이 꺾이지 않도록 해줍니다.
03. 윗쪽에 가발 망을 씌워 먼지나 바람으로부터 보호해 주세요.

<긴 길이 가발>
01. 벽걸이형 가발 걸이를 준비해주세요.
02. 긴 머리 가발의 경우 벽결이형에 걸어두시면 모발이 꺾이는 일 없이 보관할 수 있습니다.

※ 가발걸이에 모양을 잡아주지 않고 대충 걸쳐두거나 아무렇게나 방치해 놓는 경우 가발의 모양이 변형될 수 있으니 주의하세요.

54 왁스의 종류가 궁금하신가요?

요즘에는 많은 분들이 헤어왁스를 사용하고 있지만 다양한 종류의 왁스 중에서
어떤 왁스를 선택해야 할지 몰라 고민하는 분들이 의외로 많습다.
왁스는 고정력과 광택 등 왁스의 특성을 알고 본인의 헤어스타일에 맞는 제품을
구매해야 스타일링이 쉽고 원하는 모양으로 스타일링이 가능하게 된다.

1. 매트왁스
가장 보편적이면서 가장 많이 사용하는 광택이 없는 왁스로 고정력은 높으면서 무광택이기
때문에 자연스러운 스타일링이 가능하지만 자칫 부시시한 느낌으로 인해 지저분해 보일 수 있다.
특히 손상된 모발이나 컬러모발에는 사용하지 않는 것이 좋으며 샤기커트 스타일에 좋다.

2. 하드왁스
고정력이 강한 왁스를 말한다. 대부분의 제품은 고정력을 높이면 지속력 또한 오래 가기 때문에
머리를 띄우거나 세우는 용도로 많이 사용하며 제품에 따라서 광택이 많은 제품도 있으므로 구매시
자신의 스타일에 따라서 선택적으로 사용하여야 한다.

3. 소프트 왁스
고정력이 높지 않으면서 은은한 광택이 있어 무게감 있는 스타일에서 정리를 하거나 펌 스타일에서
웨이브를 잡아주는 정도의 용도로 사용하게 된다. 또한 같은 샤기커트이라도 소프트 왁스를 사용하게
되면 무척 차분한 느낌의 스타일링이 되고 유분이 많이 포함되어 있어 컬러모발에 사용하는 경우
컬러를 선명하게 해 주는 효과가 있다.

4. 샤인 왁스
광택이 많고 고정력이 거의 없는 왁스로 스트레이트 스타일에 광택을 줄 때 사용한다. 고정력이 없고
유분이 많아 과도하게 사용할 경우 모발이 지저분하게 보이기도 한다.

5. 프리즈 타입 왁스
고드름같은 은은한 촉촉함이 있는 제품으로 고정력은 높으면서 모발의 다발감이 쉽게 만들어지고
컬러모발의 컬러를 선명하게 해 주는 탁월한 효과가 있어 컬러 스타일에 좋은 제품이다.
간혹 제품에 따라서 세정력이 좋지않는 경우도 있으며 왁스의 무게감으로 많은 양을 사용할 경우
모발이 쳐지는 느낌이 들기도 한다.

6. 껌왁스(화이바 왁스)
마치 껌을 녹여 둔 것처럼 왁스를 손바닥에 덜어서 박수를 치면 왁스가 거미줄 같은 실이 되어
모발 사이사이에 떨어지며 도포되어 볼륨감을 만들 때 유용하게 사용되는 왁스이다.
껌왁스에도 고정력과 광택에 따라서 종류가 나누어지기도 한다.

7. 워터왁스
물같이 완전 액상의 왁스로 펌프에서 액체가 거품화 되어 나오며 액상이라는 유연성 때문에 모발의
흡착력이 좋고 고정력과 광택이 많아 대게의 경우 웨이브, 펌 스타일에 사용한다.
때로는 잔머리를 붙여주는 정리정돈용으로 사용해도 좋다.

8. 젤 왁스
남성들이 많이 사용하는 잴의 강한 고정력과 왁스의 유연성을 복합적으로 사용할 수 있는 제품으로
높은 고정력과 모발을 코팅하는 듯한 광택이 있지만 손으로 스타일링이 쉽게 되며 약간의 물로
재세팅도 가능한 제품이다. 뾰족뾰족 세우는 포인트에 매우 유용한 제품.

55 머릿결에도 영양이 필요

모발도 피부의 일종이기 때문에 머릿결에도 영양이 필요하다.
따라서, 건강한 모발은 건강한 신체로부터 비롯된다.
퍼머나 염색 등의 스타일링이 유행하는 환경 속에서 건강한 머릿결을 유지하는 것은 쉽지 않다.
특히 각종 질환으로 야기되는 모발손상을 막으려면 스스로 손질하는 것 외에 영양섭취, 적당한 운동도 병행되어야 한다.
머릿결을 탄력 있고 윤기 나게 가꾸는 관리법을 기억해두자.
머리를 감을 때 모발손상을 막아주는 몇 가지 방법이 있다.

첫째, 이틀에 한 번은 미지근한 물로 감는다.
샴푸를 할 때 물의 온도는 3638도의 미지근한 물이 적당하다.
뜨거운 물은 두피 속 모근을 늘어나게 해 탈모의 원인이 되고 지방분이 지나치게 제거되어, 수분감소·윤기저하를 나타낸다.
머리는 모발상태에 따라 다르나, 요즘 같은 계절에는 이틀에 한 번 정도 감는 것이 좋다.
만약, 비듬이 많이 생기는 지성 모발이라면 매일 샴푸해도 좋다.

둘째, 모발타입에 맞는 제품을 골라 깨끗이 세정한다.
샴푸는 자신의 머릿결 상태에 따라 일반 모발용과 손상 모발용 등 모발과 두피의 더러움과 스타일링제의 잔여물을 잘 씻어내는 것으로 선택한다.

셋째, 컨디셔너(린스)로 모발을 보호한다.
린스는 머리에 영양을 공급하고 부드럽게 해주는 기능이 있어 모발 표면에 얇은 막을 형성, 빗질이나 스타일링을 쉽게 한다.
상하기 쉬운 머릿결 끝부분을 중심으로 바르되, 헹굴 때는 머리 전체를 담가 헹궈준다.

넷째, 트리트먼트 한 번을 해도 제대로 한다.
트리트먼트(헤어팩제)는 모발에 영양과 수분을 공급해주는 모발 집중 영양제다.
건강한 모발엔 주1회, 요즘 같은 계절엔 좀더 자주 트리트먼트를 해주면 건조하고 손상된 머릿결이 건강해진다.
샴푸 후 물기를 어느 정도 닦아내고 촉촉히 젖은 상태에서 트리트먼트제를 모발 끝부분을 위주로 발라준다.
스팀타월을 만들어 머리를 감싸고 약 510여분 정도 두면, 영양성분이 집중적으로 흡수되어 효과가 더욱 좋다.
반드시 미지근한 물로 잔여물 없이 헹궈낸다.
잦은 브러싱도 모발 관리의 한 방법이다.
브러싱은 두피를 자극해 두피에 쌓인 먼지와 노폐물, 비듬을 제거하고 두피 세포의 활동을 원활히 해주어 혈액순환을 돕는다.

56 매직하면 얼마나 가나요?

매직후에 뿌리에서 자라나는 신생모에 의해 그 느낌이 서서히 변해 갑니다. 곱슬인 분들이 매직을 하셨다면 1개월 뒤 두피에서 약 1.5cm정도는 다시 곱슬의 원래 머리가 날 수 밖에 없기 때문이죠. 짧은 모발에서 매직을 하셨다면 그 영향이 더욱 클 수밖에 없다.
이미 매직된 모발은 매직약과 시술자의 기술, 정성 그리고 사후 관리에 따라서 3개월정도는 유지될 수 있습니다.
1달에 한번 정도는 헤어샵에 가셔서 점검도 받으시고 새롭게 자라난 신생모만 매직을 하시면 손상도도 줄이시면서 오랫동안 매직의 느낌을 유지할 수 있다.

57 머리카락 빨리자라게 하고 싶은 분들

머리카락이 자라는 방법을 이야기하기 전에, 먼저 머리카락이 우리 몸에서 어떤 기능을 하고 있는지 알아보겠습니다.
머리카락은 소중한 뇌가 들어있는 머리를 보호하는 역할과 더불어 미적인 기능도 담당하고 있지만, 가장 중요한 기능은 바로 '노폐물 배출'의 기능입니다. 소변과 함께 우리들의 몸속 구석구석의 노폐물을 머리카락을 통하여 밖으로 배출을 시킵니다. 좀 더 확실한 이해를 돕자면 가끔 뉴스에서 "모 연예인이 대마초혐의로 구속 되었습니다. 모 연예인은 그 혐의를 완강히 부인하여 경찰에서는 모 연예인의 머리카락을 채취하여 국립수사연구소에 검사를 의뢰하였습니다." 라는 기사가 나오죠?
마약이라던가 중금속등의 독성물질, 하물며 가벼운 감기약까지 머리카락의 주성분인 단백질과 함께 모근(머리카락의 뿌리)에서 두피 밖으로 끊임없이 배출됩니다.

골다공증 환자가 칼슘을 많이 먹어야 뼈가 튼튼해지고, 근육을 강화하려면 육류를 많이 섭취해야 하듯 머리카락을 튼튼히 그리고 빨리 기르려면 주성분인 단백질을 많이 먹어야 합니다.
이에 더해 머리카락이 나오는 모공에 불순물이나 염증 등으로 인하여 머리카락의 성장을 방해하는 요소를 없애고, 청결한 상태와 건강한 두피를 유지한다면 머리카락이 빨리 그리고 튼튼하게 나오겠죠?
단백질은 해조류 (미역, 다시마 등...)와 콩류 등에 많이 들어 있으니 머리카락이 빨리 자라시는 분이시라면 콩자반, 두부, 콩밥 등등을 의도적으로 챙겨먹는 것도 좋은 방법이겠네요.

하지만 머리카락도 약 36개월 주기로 휴지기를 가집니다. 그러니 지금 당장 효과가 없어도 최장 6개월 정도는 기다려보셔야 합니다. 지금 단백질을 잘 챙겨먹고 머리카락이 자라기 위한 에너지를 충전시켜 놓는 것은 어떨까요?
어떠한 원인이던지 자연적인 방법에서 출발하는 것이 가장 좋은 방법이라 생각되어집니다.

58 올바른 샴푸법

1. 두피와 모발 상태에 따른 샴푸 선택
두피가 지성, 건성, 또는 비듬이 많은 상태 등을 수시로 확인하여 본인에게 맞는 제품을 선택하는 것이 중요하다.
2. 애벌세척
따뜻한 미온수(32도 정도)만을 이용하여 헹구어 줍니다. 이것으로 수용성의 더러움을 물로 제거하는 것으로 샴푸의 사용량도 줄일 수 있어 매우 효과적 이다.
3. 첫 번째 샴푸
적당량의 샴푸를 500원 동전 크기정도로 덜어 두피, 모발에 가볍게 비비면서, 첫 번째 샴푸를 실시한다.
4. 부족 시 두 번째 샴푸
만약에 세정이 부족하다 싶다면 2번째 샴푸는 1회째의 약 반 정도 양의 샴푸를 사용하여, 충분히 두피, 모발을 마사지 하되 손톱을 세우지 않도록 하며, 지문 쪽으로 부드럽게 문지르듯 마사지하며 샴푸를 한다.
5. 헹굼
마지막으로 헹굼은 물을 담아 사용하는 것 보다는 충분한 수압으로 40℃ 전후의 따듯한 물로 깨끗이 헹구어주는 것이 좋다. 수압으로 인하여 모공 속에 노폐물이 제거되고 수압 마사지를 하는 효과가 있기 때문이다.
6. 린스 또는 트리트먼트
린스나 트리트먼트를 소량 모발, 두피에 도포하고, 물로 살짝 헹군 다음, 타월로 닦아 내줍니다. 타월을 사용할 경우에도 모발을 누르듯이 수분을 제거하여야 하며, 모발끼리 너무 마찰되지 않도록 한다.

59 비듬의 여러가지 원인과 해결 방법

두피의 각질층 세포가 쌀겨 모양으로 떨어져 나온 게 비듬이다.
며칠 머리를 감지 않으면 누구에게서나 비듬이 떨어진다.
그런데 하루 에 한 번 이상 감아도 비듬이 많거나 오랫동안 지속된다면 병이다.
비듬과 붉은 발진 탓에 가렵고 아프면 지루성 피부염을 의심해 봄직하다.
두피 피지 분비량이 많은 남녀에게 흔하다.
머리에 땀과 먼지가 잘 달라 붙는다. 비듬 조각이 크면서 누렇고 끈끈하다.
손톱으로 두피를 긁 으면 피와 진물이 나고 딱지가 생기는 현상이 반복된다.
상처에 균이 들어가 염증을 유발할 수도 있다. 스트레스나 몸 상태, 심지어 날씨의 영향을 받기도 한다.

지성 비듬이라면 머리를 자주 감아야 좋다.
순한 샴푸로 매일 감고 2~ 3일에 한 번쯤 비듬 샴푸를 쓴다. 머리가 젖은 채 자면 안된다.

겨울에는 두피가 건조해지면서 생기는 건성 비듬이 많다. 비듬 입자가 곱고 하얗다.
머리를 지나치게 자주 감아 두피 피지를 심하게 제거하거나 깨끗이 헹구지 않아 두피가 자극받을 때 생기곤 한다.
헤어드라이어 남용도 비듬의 원인이다. 건성 비듬에는 두피에 수분과 영양을 공급하는 것이 중요하다.
오일이나 크림을 발라 두피 마사지를 자주하고 헤어 드라이어나 스타일링 제품 사용은 자제한다.
비듬 전용 샴푸를 사용하되 샴푸 잔여물이 두피에 남지 않도록 잘 헹군다.

비듬을 근본적으로 치유하기 위해서는 스트레스와 피로를 제 때 풀고 균형잡힌 식단으로 규칙적인 식사를 해야 한다.
해조류, 녹차, 채소처럼 단백질과 비타민, 미네랄이 풍부한 음식을 많이 섭취하면 도움이 된다.

60 염색 전후 모발 관리

머리 염색을 할 때는 1주일 정도는 시간을 두고,자신의 머릿결과 이미지에 어울리는 색을 찾고 난 뒤 염색을 한다.염색을 하기전에 염색약에 대한 알레르기 테스트를 해보는 것이 필수.
염색 전 헤어 트리트먼트나 샴푸는 피하는 것이 좋다.샴푸를 하면 두피에 자극이 가해져 염색을 할 때 두피가 화끈거리거나 따가운 증상이 생길 수 있다.트리트먼트는 모발에 코팅 효과를 주게 되어 머릿결이 보호되긴 하지만,원하는 색상이 제대로 나오지 않게 되므로 피하는 것이 좋다.
염색 후에는 머리를 충분히 헹구고 염색 전용 린스나 샴푸를 꼭 사용한다.머리를 감을 때는 미지근한 물을 사용해야 머릿결이 손상되지 않고 색상도 오래 간다.
염색 직후에는 알코올이 많이 함유된 무스나 스프레이 등은 색상의 변색과 탈색의 원인이 되므로 사용하지 않도록 한다.대신 헤어 에센스나 트리트먼트제를 사용하도록 한다.염색 후에는 모발이 건조해져서 정전기가 생기기도 하는데,이럴 때 유분과 수분을 함께 공급해 줄 수 있도록 에센스를 꼭 발라주도록 한다.

61 베이비펌 스타일링 방법이 있나요?

풍성한 웨이브가 귀여운 느낌을 주는 베이비펌을 효과적으로 스타일링하는 간단한 팁을 알려드리겠습니다.
우선 전체적으로 드라이를 아래에서 위로 방향을 잡아 머리카락을 띄워 부풀립니다. 그 다음 너무 부풀린곳을 찾아서 전체적인 발란스에 맞게 위에서 아래로 살짝씩 내려준 후 찬바람으로 고정하시면 탱글탱글 이쁜 베이브 펌을 만들 수 있답니다. 소프트 왁스와 에센스로 웨이브를 구기듯 쥐어주며 발라준 후 마무리 하면 끝!!

62 찰랑찰랑 머릿결 비밀은 여기에

01. pH 5.5 수분 1015%를 지켜라

사람은 약 1012만 개의 머리카락을 갖고 있으며, 이중 50여 개가 매일 빠지고, 0.2mm씩 날마다 자란다고 한다. 봄바람에 비단처럼 찰랑거리는 머릿결은 아름다운 얼굴만큼이나 매력적이라는 건 모두가 다 아는 사실. <엽기적인 그녀>의 '그녀'가 뭇 남자들의 사랑을 얻었던 이유엔 틴트를 바른 붉은 입술 못지 않게 찰랑거리는 그녀의 머릿결이 큰 역할을 했음을 부인할 순 없을 게다.

머리카락도 피부와 같아서 가꾸고 다듬으면 좋아지고, 관심을 기울이지 않으면 나빠진다. 세심한 관리와 정성스런 손질로 단백질과 수분, pH 밸런스가 적당히 유지될 때 당신의 머릿결은 건강하고 윤기나게 된다. 아침, 저녁 피부에 기울이는 노력을 이젠 머리결로까지 확장해보자. 작은 습관 하나가 당신을 머릿결 미인으로 만들어 줄 수도 있으니까.

02. 브러싱

빗질은 간단하면서도 매우 효과적인 모발관리 수단. 브러싱은 머리에 낀 노폐물과 비듬을 털어내주고 두피를 자극해 모근을 튼튼하게 만들어준다. 또 두피의 혈행을 좋게 하며, 모발의 유분을 고르게 퍼뜨려 윤기나게 해주기도 한다.

건성으로 해대던 브러싱에도 노하우가 있다. 솔 끝이 두피에 닿게 하여 위에서 아래로, 다음엔 목덜미에서 위쪽으로 번갈아가며 빗어준다. 헤어스타일이나 가르마 방향과 상관없이 다양한 각도로 빗어주면 좋다. 횟수는 아침, 저녁으로 50100번. 브러싱에 좋은 빗은 모의 끝이 둥글게 처리되어 있는 돈모 소재가 좋다. 모발이 두껍다면 나일론과 돈모가 혼합된 것이 좋다고 전문가들은 추천한다.

03. 맛사지 & 샴푸

보통은 삼푸가 머리카락 관리의 전부였던 코리아나 걸들도 이제부터는 조금 더 업그레이드된 헤어 케어를 실시해보자.

우선은 미용실에서 해주던 시원한 두피 마사지를 자신의 손으로 해볼 것.

그만큼 시원하진 않지만, 손가락 끝의 둥근 부분으로 두피 이곳 저곳을 꼭꼭 눌러주고 둥글게 원을 그려주면 탈모는 물론 윤기있는 머릿결 가꾸기에 도움이 된다.

샴푸의 횟수는 언제나 뜨거운 감자이지만, 대개는 이틀에 한번 정도를 권한다.

삼푸 전에 브러싱을 해주는 것도 요령. 먼지가 쉽게 제거되고 샴푸 효과도 좋아진다. 미지근한 물에 거품을 충분히 내어 부드럽게 두피를 마사지하며 샴푸한다.

샴푸에서 가장 중요한 것은 헹굼. 두피에 샴푸나 린스가 남지 않을 정도로 깨끗이 헹궈낸 다음 마지막은 찬물로 패팅하듯 마무리해주면 탄력 있는 머릿결을 가꿀 수 있다.

04. 트리트먼트 & 헤어팩

드라이나 잦은 스타일링으로 거칠어진 머릿결에는 영양 공급이 필요하다. 트리트먼트와 헤어팩은 부족해진 단백질과 유분기를 적극적으로 공급해 준다. 샴푸 후 트리트먼트제를 두피까지 골고루 바른 후 가볍게 마사지하면서 23분 후 충분히 헹궈낸다. 손상이 심하다면 스팀타올이나 캡을 쓰고 시간을 조금 더 늘리고 일주일에 몇 번 실시해 준다. 일주일에 한 번 정도는 예방 차원으로 해주는 습관을 기르자. 집에서 만든 천연 헤어팩도 시중에서 파는 트리트먼트제와 같은 효과를 낸다.

①거칠어진 머릿결을 부드럽게 - 마요네즈+요구르트잭

- 마요네즈 1큰술과 요쿠르트 작은 병 하나를 잘 섞는다.
- 샴푸 후 물기를 제거한 후 재료를 두피까지 골고루 바르고 비닐캡을 쓴 다음 20분 동안 둔다.
- 따뜻한 물로 여러 번 헹궈낸다.

②갈라지고 끊어지는 머릿결엔 - 올리브오일 + 요구르트팩

- 요쿠르트 반 컵에 올리브오일 1작은술을 잘 섞는다.
- 샴푸 후 물기를 제거한 머리카락에 잘 바른 다음 스팀타올로 감싸 10분 정도 둔다.
- 미지근한 물로 여러 번 헹궈낸다.

탄포포는....

한국어로 '민들레'입니다.

일본 유학파 및 재일교포 출신의 디자이너와 일본인 STAFF가 근무하고 있는 미용실입니다.
10년 전부터 일본 분위기의 헤어스타일을 한국인의 모질과 디자인에 맞게 지속적으로 헤어스타일을 개발하고 있으며
헤어스타일 촬영의 중요성을 오래전부터 인식하여 살롱 자체적으로 헤어스타일을 직접 촬영하면서 세미나 진행,
잡지 화보 등 다양한 활동을 진행하고 있습니다.

STAFF 전원이 헤어스타일 촬영에 즐겁게 참여하고
'우리들의 헤어스타일을 세상에 남겨놓다'는 미용사로서의 자부심으로
매회 헤어스타일 촬영을 이어오고 있습니다.

시술 당일의 커트 선과 컬러감, 컬감이 가장 이쁠 수 있으나
결국 고객의 입장에서는 스타일이 자리 잡게 되는 일주일 뒤의 스타일이 '진짜 스타일'이라는 생각으로
탄포포 헤어스타일 대부분 작품은 시술 1주일 후 촬영을 하였습니다.

TANPOPO HAIR DESIGNER

점장 송현영
일본 아스카미용문화전문학교 졸업
일본 미용사 면허 취득 / 일본어 1급

디자이너 한수민
일본 야마노미용전문학교 졸업
일본 미용사 면허 취득 / 일본어 1급

디자이너 김성혜(재일교포)
일본 효고 출생 / 일본 헤어라르로 한신미용전문학교 졸업
일본 미용사 면허 취득 / 일본 효고 현지 미용실 근무

디자이너 유카(일본인)
일본 오사카 출생 / 일본 르토아동아 미용전문학교 졸업
일본 미용사 면허 취득 / 일본 오사카 현지 미용실 근무

디자이너 서리나(재일교포)
일본 기후 출생 / 일본 미용학교 (통신) 졸업
일본 이용사 면허 취득 / 일본 기후 현지 미용실 근무

어시스턴트 모리카호(일본인)
일본 나고야 출생 / 일본 주니치미용전문학교 졸업
일본 미용사 면허 취득 / 일본 효고 현지 미용실 근무

TANPOPO HAIR STYLE

초 판 | 2017년 6월23일 1판인쇄
펴 낸 이 | 정 환 수
펴 낸 곳 | 드림북매니아
등 록 | 제321 2008-00066
주 소 | 서울시 송파구 가락동 12-4
총 판 | 드림북매니아(02-512-8776/010-4212-3232)
편 집 디 자 인 | 이선희
전자우편 | dabin612@naver.com
정 가 : 42,000원
ISBN 979-11-88104-01-7